算数でわかる数学

芳沢光雄

SB Creative

素朴に工夫する心

● 工夫するとはどういうことか

　日本では、武器に頼らないで身ひとつで戦う空手の「心」のようなものが脈々と受け継がれてきたのではないか、と考えることがある。それはさまざまな道具についても同じで、道具がなくても物事を工夫する「心」があれば、多くの課題はなんとか対応できるという前向きな気持ちをもつこともできるだろう。

　たとえば災害時にラップがあれば、工夫していろいろな面で役立てられる。皿にしけば皿を洗う水を節約できるし、体に巻けば寒さをしのぐこともできる。また、伸ばしてひねるとじょうぶなひもにもなるし、割れたガラスの一時的な代わりにもなる。

　戦後の物不足の時代をたくましく生き抜いて、日本の復興に寄与した高齢の方々の苦労話を聞くたびに、私は「素朴に工夫する心」のすばらしさに感動する。登山は持ち物を工夫する必要があることに注目すると、高齢者に根強い人気がある理由がわかるかもしれない。

　一方、高度経済成長期を経て日本は「物不足の国」から「なんでも身近にそろう国」に、次第に変わってきた。ここ数年、円安の影響もあって海外からの観光客が一気に増えたが、「日本はなんでもすぐにそろうから便利である」と考える人たちが多いようだ。

　多くの人たちにとって、やはり豊富な品ぞろえのある社会はうれしく思うだろう。しかし冷静に考えると、それは日本人が

大切にしてきた「素朴に工夫する心」をはぐくむ点で、マイナスに作用している面もあることに留意したいのだ。

実際、私は大学専任教員としての38年間で、非常勤講師を含めると延べ1万4千人ぐらいの学生を教えてきたことになる。また、数学教育活動を積極的に行って20年になるが、その間に小・中・高校の延べ200校ぐらいで出前授業を行ってきたことになる。最近特に思うことは、およその概算や測定で電卓や器機類に頼らないと手がでない、という青少年が多数になってきたということである。

たとえば1個387円の弁当を48人分購入することを考えるとき、携帯をもってないことを理由に計算をあきらめてしまう。しかし、1個400円の弁当を50個購入することを考えれば、約2万円もっていれば買い物ができるのである。

また、だいたい5、6mぐらいのおよその長さを測るとき、巻尺をもっていないことを理由にあきらめてしまう。しかし、左

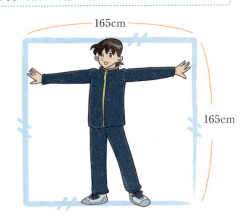

両手を広げた幅と身長は、だいたい同じ長さです

身長125cmの私が、4回で約5mだね！

　右の手を両端いっぱいに広げれば、一方の手の指先から他方の手の指先までの長さは身長に近い値なので、その長さが何個分かどうかを調べればだいたいの長さはわかるだろう。

　また、一般書籍を安い価格で郵送するとき、ハカリをもっていないことを理由にあきらめてしまう。しかし、500g以下かどうかを調べるとき、500mℓ入りの牛乳半パックや250mℓ入りの缶ジュース2本と両手で持ち比べてみると、近よった重さでなければわかるはずだ。

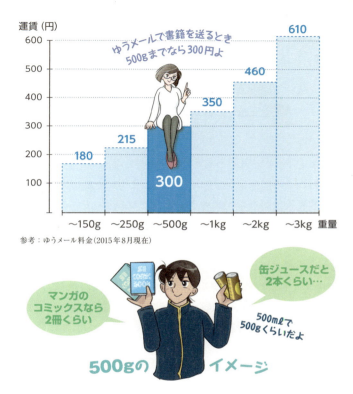

参考：ゆうメール料金（2015年8月現在）

　また、直線や直交する2直線はノートで描くことができることは気づいても、円を描くときコンパスをもっていないことを理由にあきらめてしまう。しかし、1本のヒモを両端で結んで輪の形にして、ピーンと張った状態で中心とする部分を画びょうなどで止めて、その反対側に鉛筆の先を入れて一周すれば円は描ける。

　以上から戦後、工業立国として成功した日本は、目覚ましい発展を遂げて便利になったものの、負の側面として「素朴に工

夫する心」が失われつつあるといえるだろう。

　実は、この問題は数学の学びに関してもいえるのである。おもな高校入試の数学が現在も記述式でがんばっていること、さらに中学校ではコンパスや定規を使った作図や証明教育もかろうじて残っていることから、中学数学の学びにおいてはこの問題が多方面にわたって顕著に表れているとまではいえないが、「やり方」中心の学びの事項では表面化している。一方、大学入試がマークシート式の問題が中心になってしまったこと、さらに高校数学では数量編が中心であることなどから、学びのスタイルが「公式やテクニックを暗記して、それらを使って問題の答えをすみやかに当てればよい」という形に形骸化してきたのである。その結果、高校数学の学びにおいては「素朴に工夫する心」が極端に軽視されてしまった状況に陥っている。そのあたりの問題点については、数学ばかりでなく国語のマークシート問題をも含めて拙著『論理的に考え、書く力』（光文社新書）にくわしく述べたので参考にしていただければ幸いである。

　そのような背景から本書は、おもに中学数学と高校数学の学びの第一歩に照準を当てて、「素朴に工夫する心」を紹介する目標をもって執筆したものである。扱う高校数学の入門的な内容は、順列・組合せと確率、図形と三角比、2次関数と領域、微

分積分であるが、そのために正と負の数の計算と座標平面の導入は、必要不可欠な内容となった。これは登山にたとえると、登山靴と水筒と雨具のようなものであろう。

第2章以降に相当する高校数学の入門的な内容は、ゆきすぎた「ゆとり教育」直前の高校数学の学習指導要領における数学Ⅰおよび数学Ⅱの重点項目だといえる。なお指数の発想については、第1章に組み込むことにした。

以下、第1章以降に記述する「素朴に工夫する心」の重点事項をいくつか紹介しよう。

指数計算は対数の概念と対数表を用いるとすばやくできるが、算数の計算を工夫することによって、それらを用いない指数計算も可能である。

ものの個数を数える問題では、順列記号Pや組合せ記号Cを用いないとできないと思う人たちは多いが、素朴な樹形図を用いた計算によって、PやCに頼ることなく数えることができるのである。

三角比は数表がなくても、適当な大きさの直角三角形を描いて各辺の長さを測れば、対応する三角比の値はわかるのである。

座標平面上の領域の位置関係は、具体的に座標平面上の点を取って確かめればわかることである。

関数の微分は狭い区間での直線の傾き（平均変化率）で、関数の積分は細切れにした部分の面積の和で、およその数値は求められる。一方で、どうしても微分積分に頼らざるを得ない課題も提示する。

最後に、数学嫌いのまま大人になった方にも読んでいただき、「算数を工夫する手があるじゃないか！」という新鮮な気持ちを抱いていただければ幸いである。

算数でわかる数学

CONTENTS

序章　素朴に工夫する心 ……………………… 2

第1章　計算と座標平面 …………………… 9

- 1-1　正の数と負の数 ……………………… 10
- 1-2　座標平面 …………………………… 29
- 1-3　1次方程式 ………………………… 39

第2章　樹形図で工夫する順列・組合せ・確率 … 51

- 2-1　樹形図と順列・組合せ ……………… 52
- 2-2　確率と期待値 ……………………… 75

第3章　図形と三角比 ……………………… 93

- 3-1　三角比 ……………………………… 94
- 3-2　面積と平方根 ……………………… 104
- 3-3　三平方の定理とその応用 ………… 113

第4章　2次関数と領域 …………………… 129

- 4-1　2次関数 …………………………… 130
- 4-2　領域 ………………………………… 148

第5章　算数で理解する微分積分の意味 … 163

- 5-1　極限における「かぎりなく」という言葉 … 164
- 5-2　微分と積分の発想 ………………… 170
- 5-3　微分積分を用いないと説明できないこと … 182

索　引 ………………………………………… 188

サイエンス・アイ新書

1

計算と座標平面

正の数と負の数

　第2章「樹形図で工夫する順列・組合せ・確率」は、算数の知識と樹形図の発想だけで組み立てている。しかし本書全体を考えると、負の数の導入と負の数を含む四則計算と累乗だけは、算数の知識を仮定して学んでおきたい内容である。その点だけはご了解していただきたいのである。

　北海道で生活する小学生ならば、気温を通して知らず知らずのうちに負の数を理解しているようだ。実際、冬には那覇が20℃ぐらいで、東京が5℃ぐらいで、札幌が−10℃ぐらいの日はよくあることである。

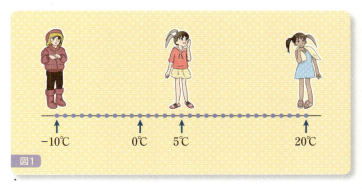

図1

　図1で示したように、20℃（プラス20度）から15℃下がると5℃、5℃から5℃下がると0℃、0℃から10℃下がると−10℃（マイナス10度）である。なお、5℃は＋5℃のことであるように、プラス記号＋は省略することが多い。

　気温ばかりでなく、基準となるところを0として性質が反対の量をとらえる見方はほかにもいろいろある。たとえば、銀行に預金も借金もないときは基準の0円として、預金するときの金額を＋（プラス）で考えると、借金するときの金額には−（マイナス）がつくことになる。1万5千円の預金は＋15000円（または15000円）で、2万3千円の借金は−23000円と表される。

　現在の時刻を基準の0分として、いまから未来に向かっての時間を＋（プラス）で考えると、いまから過去に向かっての時間には−（マイナス）がつくことになる。40分後は＋40分で、15分前は−15分と表される。

　東西に走る道路のある地点Aを基準の0kmとして、Aから東の方向へ進んだ距離を＋（プラス）で考えると、Aから西の方向へ進んだ距離には−（マイナス）がつくことになる。

　図2で、Bは−14kmの地点で、Cは＋8kmの地点である。

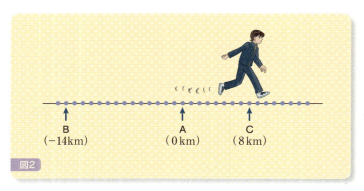

図2

図1や図2を一般化させて、図3のような**数直線**を得ることになる。数直線上では基準となる**原点O**を定め、それに数0を対応させる。点Oから左右に等しい間隔で目盛りをつけて、Oから右に向かって順に+1、+2、+3、……という正の符号のついた数を対応させ、Oから左に向かって順に-1、-2、-3、……という負の符号のついた数を対応させる。もちろん、+1、+2、+3、……は、それぞれ1、2、3、……のことである。1、2、3、……を**正の整数（自然数）**、-1、-2、-3、……を**負の整数**といい、それらに0を加えて整数全体となる。

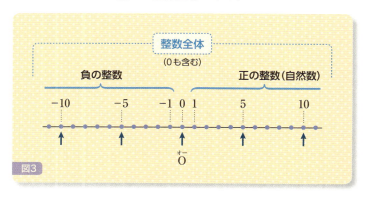

図3

次に不等号に関して、まとめておこう。

$$\Box < \triangle \quad \text{または} \quad \triangle > \Box$$

と書くと、$\triangle$ は $\Box$ より大きいことを意味している。また、

$$\Box \leqq \triangle \quad \text{または} \quad \triangle \geqq \Box$$

と書くと、$\triangle$ は $\Box$ 以上であることを意味している。すなわち、$\triangle$ は $\Box$ と等しいか、あるいは $\triangle$ は $\Box$ より大きいのである。具体的に、$5<5$ は間違いであるが、

$$5 \leqq 5, \quad 3 \leqq 5$$

はどちらも正しいことに注意する。そして、記号「$<$」、「$>$」、「$\leqq$」、「$\geqq$」はどれも**不等号**と呼ぶ。なお記号「$\neq$」は、その両側は等しくないことを意味している。

数の絶対値を導入するために数直線上で、数の0と1を表している2点間の距離を1と定める。それによって、たとえば -4 と $+1$ を表している数直線上の点 B、C の距離は5となり、「数直線上で -4 と $+1$ の距離は5」ともいう。また、ある数 $\triangle$ と 0 の数直線上での距離を $\triangle$ の**絶対値**といい、記号 $|\triangle|$ で表す。

たとえば、

$$|-4|=4, \quad |-3.4|=3.4, \quad |0|=0, \quad |7.3|=7.3$$

である。

これから、数直線上のすべての点が表す数全体に四則計算を導入しよう。算数では0以上の数の世界に四則計算を導入した。それに関する規則は次の（Ⅰ）、（Ⅱ）、（Ⅲ）で示すとおりである。

算数で扱った数の世界を、負の数の世界も含むように拡張するのである。

● **四則計算の規則**

> （Ⅰ）計算は原則として式の左から行う
> （Ⅱ）カッコのある式の計算では、カッコの中をひとまとめに見て先に計算する
> （Ⅲ）×（掛け算）や ÷（割り算）は ＋（足し算）や －（引き算）より結びつきが強いとみなし、先に計算する

　数全体への四則計算の導入は、算数としての四則計算にはいっさいの変更がなく、扱う数字の範囲だけが広がることに注意する。いわゆる「拡張」という言葉の意味そのものであろう。なお、足し算、引き算、掛け算、割り算という算数の計算を、それぞれ**加法**、**減法**、**乗法**、**除法**というやや格調のある言葉で用いることがよくある。それらの記号を順に＋、－、×、÷と書くこと、および計算結果を和、差、積、商と呼ぶことは算数と同じである。また、数式の中で「＋＋」、「－＋」、「×－」、「÷＋」……のように、2つの計算記号が並ぶことは認めない。そのために、カッコをじょうずに使えばよいのである。よく使う小カッコ（　）で足りなければ、中カッコ｛　｝や大カッコ［　］を使ってもよい。
　加法に関して、

$$8 + 3 = 11、（+8）+（+3）= +11$$

は同じことを意味しているが、それは数直線上で8を右に3進

ませていることに注目しよう。そこでどんな数□に対しても、□に正の数3を加えた。

$$□+3、□+(+3)$$

は、数直線上で□を右に3進ませた数であると考える。

たとえば、

$$(-7)+5=-2、(-11)+15=+4$$

などが成り立つ。

算数の世界ではどんな数に対しても、0を加えても引いても結果は変わらなかった。それは、負の数を含めた中学数学の世界でも変わらない。

それでは、負の数を加えることはどのように考えればよいのだろうか。

5円もっている人が、2円をもらうと7円、1円をもらうと6円、0円をもらうと5円、(−1)円をもらうと4円、(−2)円をもらうと3円、(−3)円をもらうと2円、……というように理解できるが、どんな数□に対しても、□に負の数△を加えることは、数直線上で□を△の絶対値ぶんだけ左に進ませた数であると考える。

たとえば、

$$11+(-4)=7, \quad 5+(-9)=-4$$

などが成り立つ。

いま、□、△、○を任意の数、すなわち勝手にとった数としよう。□+△と△+□を数直線上で比べてみると、前者は0に□を加える意味の左右の移動を行ってから、△を加える意味の左右の移動を行うものになる。後者は0に△を加える意味の左右の移動を行ってから、□を加える意味の左右の移動を行うものになる。

このように数直線上での移動として考えると、□+△と△+□は、順番は逆になるものの結果は同じになる。

すなわち、**加法の交換法則**と呼ばれる、

$$□+△=△+□$$

が成り立つのである。

同じように考えると、**加法の結合法則**と呼ばれる、

$$(□+△)+○=□+(△+○)$$

も成り立つ。それは、上式の左辺（等号の左側）も右辺（等号の右側）も、0に□を加える意味の左右の移動を行って、次に△を加える意味の左右の移動を行って、最後に○を加える意味の左右の移動を行うことになるからである。

次に、減法に関して考えよう。減法に関して、

$$8 - 5 = 3$$
$$(+8)-(+5)=(+3)$$

2つは同じこと

は同じことを意味しているが、数直線上で考えると、次のように減法は加法とは逆の向きの移動をさせると考える。すなわち □ と △ を任意の数（勝手にとった数）とするとき、□ から △ を引く □ − △ は、△ が正の数ならば □ を △ ぶんだけ左に進ませた数になり、△ が負の数ならば □ を △ の絶対値ぶんだけ右に進ませた数であると考える。たとえば、

$$(-2)-6=-8、\quad (-2)-(-6)=4$$

などが成り立つ。また、

$$7-3=4$$
入れ替え
$$3-7=-4$$

減法で、**交換法則**は成り立たない

$$7-(3-1)=5$$
$$(7-3)-1=3$$

減法で、**結合法則**は成り立たない

を見るまでもなく、加法に関して成り立った交換法則や結合法則は成り立たない。

一般に、加法と減法がいろいろ混じった式は、

$$(-7)-2+3-(-4)+(-5)$$
$$=(-7)+(-2)+3+(+4)+(-5)$$

というように加法だけの式にすることができる。加法だけに記した式において、それぞれの数を項といい、特に正の数の項を正の項、負の数の項を負の項という。上式の右辺では、−7と−2と−5は負の項で、3と+4は正の項である。

上式の左辺で、−4と−5についたカッコを省略することはできないが、先頭の−7についているカッコを省略しても、禁止する書式にならないし、誤解を与える式にもならない。

そこで、上式の左辺は、

$$-7-2+3-(-4)+(-5)$$

という形でも表すことができる。

そのように、加法と減法だけの式の先頭が負の数の場合、それにはカッコをつけないことがむしろふつうである。

次に、乗法に関して考えよう。
まず算数では、

$$5 \times 0 = 0, \quad 0 \times 5 = 0$$

のように、どんな数に対しても0との積の結果は0であった。

それは、負の数を含めた中学数学の世界でも変わらないと考える。そこで、次の4つの形の乗法について考えればよいことになる。

ここだネ…

① 正の数×正の数
② 正の数×負の数
③ 負の数×正の数
④ 負の数×負の数

　①については算数の内容なので説明を省略する。そのほかの場合については、時間と速さを用いた説明がもっとも効果的であるように思われる。
　②については、$4×(-3)$を例にして、次のように考えればよいことがわかる。

$$4×2=8$$
$$4×1=4$$
$$4×0=0$$

数直線上で
4ずつ左に行く

という式を続けていくことを考えると、

$$4×(-1)=-4$$
$$4×(-2)=-8$$
$$4×(-3)=-12$$
　　　⋮

実際、西から東に向かって時速4kmで歩いている人の現在地点を数直線上の原点Oとすると、2時間後は＋8kmの地点、1時間後は＋4kmの地点、0時間後（現在）は0kmの地点、－1時間後（いまから1時間前）は－4kmの地点、－2時間後（いまから2時間前）は－8kmの地点、－3時間後（いまから3時間前）は－12kmの地点……にそれぞれいる、というように理解できる（図4参照）。

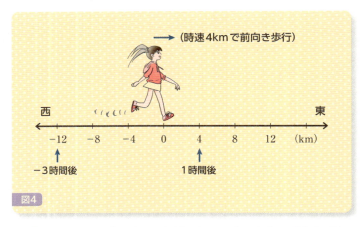

図4

　③については、$(-4)×3$を例にして、次のように考えればよいことがわかる。

$$(-4)×0 = 0$$
$$(-4)×1 = (-4) \text{が1つ} = -4$$
$$(-4)×2 = (-4)+(-4) = -8$$
$$(-4)×3 = (-4)+(-4)+(-4) = -12$$
$$\vdots$$

数直線上で4ずつ左に行く

実際、西から東に向かって時速(−4)kmで歩いている人は、東から西に向かって時速4kmで歩いている人とみなせる。その人の現在地点を数直線上の原点Oとすると、0時間後(現在)は0kmの地点、1時間後は−4kmの地点、2時間後は−8kmの地点、3時間後は−12kmの地点……にそれぞれいる、というように理解できる(図5参照)。

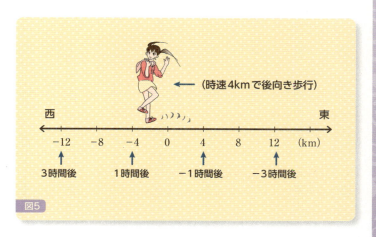

図5

②、③をまとめると、次のように述べることができる。

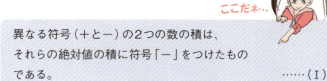

ここだネ…

異なる符号(+と−)の2つの数の積は、それらの絶対値の積に符号「−」をつけたものである。　　……(I)

④については、(−4)×(−3)を例にして、次のように考えればよいことがわかる。

$$(-4) \times 2 = -8$$
$$(-4) \times 1 = -4$$
$$(-4) \times 0 = 0$$

> 数直線上で4ずつ右に行く

という式を続けていくことを考えると、

$$(-4) \times (-1) = 4$$
$$(-4) \times (-2) = 8$$
$$(-4) \times (-3) = 12$$
$$\vdots$$

　実際、西から東に向かって時速−4kmで歩いている人の現在地点を数直線上の原点Oとすると、2時間後は−8kmの地点、1時間後は−4kmの地点、0時間後（現在）は0kmの地点、(−1)時間後（いまから1時間前）は4kmの地点、−2時間後（いまから2時間前）は8kmの地点、−3時間後（いまから3時間前）は12kmの地点、……にそれぞれいる、というように理解できる（図5参照）。

①と④をまとめると、次のように述べることができる。

同じ符号の2つの数の積は、それらの絶対値の積に符号「＋」をつけたものである。　……（Ⅱ）

（Ⅰ）と（Ⅱ）から、次の（Ⅲ）がいえる。

0以外のいくつかの数の乗法では、その中に負の数が偶数個あれば計算結果の符号は「＋」、それが奇数個あれば計算結果の符号は「－」である。そして計算結果は、乗法に現れるそれぞれの数の絶対値の積にその符号をつけたものである。　……（Ⅲ）

（Ⅲ）の性質から、□、△、○を任意の数とすると、

乗法の交換法則　□×△＝△×□

および、

乗法の結合法則　（□×△）×○＝□×（△×○）

の成り立つことがわかる。

乗法に関して、

△×△、　△×△×△、　△×△×△×△、……

のように、同じ数△をいくつか掛け合わせた数を**累乗**という。

$$△×△=、\quad △×△×△=、\quad △×△×△×△=、\cdots\cdots$$

というように表し、それらを順に △ の2乗、△ の3乗、△ の4乗、……といい、△ の右上に小さく書いた 2、3、4、…… を（累乗の）指数という。

なお、△ の1乗は △ 自身であると考える。また、2乗を平方、3乗を立法ともいう。

$$5^2 = 25、\quad 3^3 = 27、\quad 2^4 = 16$$

などは間違わないが、

$$(-2)^4 = (-2)×(-2)×(-2)×(-2) = 16、$$
$$-2^4 = -(2×2×2×2) = -16$$

の2つの違いに注意したい。

ここで、累乗の計算は乗法や除法より優先する規則がある。

たとえば、

$$-\frac{1}{2^4} = -\frac{1}{16}、\quad \left(-\frac{1}{2}\right)^4 = \frac{1}{16}$$

次に、除法に関して考えよう。

除法に関して、

$$8 ÷ 4 = 2、\quad 8 × \frac{1}{4} = 2$$

は同じことを意味しているように、□ を任意の数、△ を0以外の任意の数とするとき、

$$□ ÷ △ = □ × (△の逆数)$$

と考える。ここで△の逆数とは、△と掛け合わせて1になる数のことである。4の逆数は$\frac{1}{4}$であり、$-\frac{1}{3}$の逆数は-3である。△の符号と△の逆数の符号は同じであるから、□が0でないとき、□÷△の符号は□×△の符号と同じになる。

除法に関しても、

$$8 ÷ 4 = 2, \quad 4 ÷ 8 = \frac{1}{2}$$
$$(8 ÷ 4) ÷ 2 = 1, \quad 8 ÷ (4 ÷ 2) = 4$$

を見てもわかるように、減法と同じように交換法則や結合法則は成り立たない。

本節では、算数の世界で習った四則計算を、対象とする数の世界を拡張させて学んできた。次の分配法則も算数の世界で学んだものを拡張するものである。

> □、△、○を任意の数とすると、
>
> $$□ × (△ + ○) = □ × △ + □ × ○ \qquad ……(Ⅳ)$$
> $$(△ + ○) × □ = △ × □ + ○ × □ \qquad ……(Ⅴ)$$

が成り立ち。これを**分配法則**という。

(Ⅳ)が示せれば、(Ⅴ)に関しては積の交換法則を用いれば導かれる。(Ⅳ)の、

$$□ > 0, \quad △ > 0, \quad ○ > 0$$

の場合については、図6を用いて算数の範囲で成立の理由を学んだことだろう。

それは、長方形ABCDの面積は長方形ABEFと長方形FECDの面積の和となることから、(Ⅳ)を導くのである。

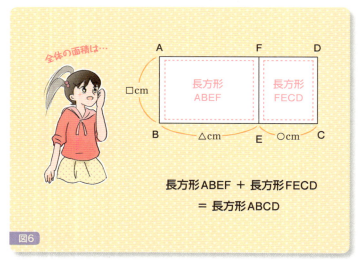

図6

そのほかの場合についての(Ⅳ)のしっかりした証明は、中学数学の教科書や参考書では見かけなかったので、拙著『新体系・中学数学の教科書（上）』（講談社、ブルーバックス）に書いた。しかしそれは、やや冗長な面があるので本書では省略する。興味がある読者は、そちらを参照していただきたい。

本節の最後に、累乗の計算に関する工夫について、生きた題材例で2つ取り上げよう。高校数学で習う対数を用いるとすぐに求まるものであるが、素手で立ち向かう精神を見ていただきたい。

例題 1

小学生に対する出前授業で、次のような質問をだすことがある。

「1cmを倍にすると2cm、2cmを倍にすると4cm、4cmを倍にすると8cm、8cmを倍にすると16cmですね。これは1cmを4回倍にすると16cmということです。それでは1cmを100回倍にすると、どのくらいの距離になると思いますか」

子供たちのいろいろな答を聞くと楽しいものである。「ボクの家から○○君の家まで」、「東京から大阪まで」、「日本からアメリカまで」などなど。これは2^{100}cmとなり、約450億光年という宇宙の大きさをも超えてしまうのである。実際、

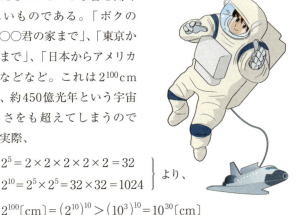

$$\left.\begin{array}{l}2^5 = 2\times2\times2\times2\times2 = 32 \\ 2^{10} = 2^5 \times 2^5 = 32\times32 = 1024\end{array}\right\} より、$$

$$2^{100}〔cm〕= (2^{10})^{10} > (10^3)^{10} = 10^{30}〔cm〕$$

を得る。一方、光は秒速約30万kmなので、

$$\begin{aligned}450億〔光年〕&= 30万\times60\times60\times24\times365\times450億〔km〕\\ &= 3\times6\times6\times24\times365\times45\times10^{5+1+1+9}〔km〕\\ &= 42573600\times10^{16}〔km〕\\ &\fallingdotseq 4.3\times10^7\times10^{16}〔km〕\\ &\fallingdotseq 4.3\times10^{28}〔cm〕\end{aligned}$$

> 電卓を使用

となる。したがって、2^{100}cmは宇宙の大きさをも超えてしまうのである。

例題 2

違法なヤミ金融の世界でよく聞く「トイチ」金融は、10日間ごとに1割の利息が複利でかかるものである。たった1円を「トイチ」で借りて、10年間まったく返済しなかった場合、元利合計はなんと1000兆円をも超えてしまう内容である。これは高校生に対する出前授業で、累乗の恐怖と対数の威力を示すためによく用いるものであるが、対数を使わないで説明しよう。

まず、「トイチ」の意味から説明する。10000円をトイチで借りて長期間にわたって1円も返さないとすると、10日後の元利合計は11000円、20日後の元利合計は12100円、30日後の元利合計は13310円……というように、10日間ごとに1.1を次々と掛けていくことになる。

1年を365日とすると、10年は3650日である。たった1円をトイチで10年間借りっぱなしにすると、10年後の元利合計は、

$$1 \times (1.1)^{365} \text{〔円〕}$$

となる。$365 = 73 \times 5$ なので、電卓を用いて以下を得る。

$$(1.1)^{10} \fallingdotseq 2.5937 \text{〔円〕}$$
$$(1.1)^{73} \fallingdotseq (2.5937)^7 \times (1.1)^3 \text{〔円〕}$$
$$(1.1)^{73} \fallingdotseq 789 \times 1.331 \text{〔円〕}$$
$$(1.1)^{73} \fallingdotseq 1050 > 1000 \text{〔円〕}$$
$$(1.1)^{365} > (1000)^5 = 1000 \text{〔兆円〕}$$

以上から、たった1円を「トイチ」で借りて、10年間まったく返済しなかった場合、元利合計はなんと1000兆円をも超えてしまうのである。

座標平面

　未知のものや、いろいろな値をとる**変数**などを扱う文字は、算数では△や○、数学ではxやyなどをよく用いる。本書では今後、xやyをおもに用いることにする。一方、$3x^4$や$5y^2$などの掛け算記号×を省略した書式は用いないで、それぞれ

$$3x^4 = 3 \times x^4, \quad 5xy^2 = 5 \times x \times y^2$$

というように、掛け算記号×は省略しないで書くことにする。もっとも、

$$x^4 = 1 \times x^4, \quad -x^3 = (-1) \times x^3$$

というような、文字の前の「1」や「-1」を省略した書式は用いることにする。

　さて、動物、株価、山々、細菌、人口などを見てもわかるように、たいがいのものは視覚的にとらえると理解が深まるのである。変数xの値を決めると変数yの値が1つ決まるときyはxの**関数**というが、このような関数を座標の考えを用いて視覚的にとらえることを考えだしたのは、数学者デカルト（1596〜1650年）である。軍隊生活を送っているとき、天井をはっているハエをベッドの上で見つめていて思いついたそうである。

　あとで具体例でも示すが、座標平面によって関数が視覚的にとらえることができるようになり、はかりしれない効果があったといえるだろう。

平面上に2本の数直線を図1のように、それぞれの原点で垂直に交わるように引く。横の数直線をx軸または横軸、縦の数直線をy軸または縦軸といい、x軸とy軸をあわせて**座標軸**という。また、座標軸の交点を原点といってO(オー)で表すことは、数直線の場合と同じである。

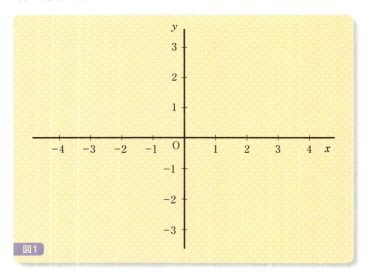

図1

上記のように座標軸を定めた平面を**座標平面**といい、その上にある任意の点Pは次のように表す。P からx軸に垂直な直線を引いたときのx軸との交点をA、P からy軸に垂直な直線を引いたときのy軸との交点をB として、A のx軸上の目盛りをa、B のy軸上の目盛りをbとする。このとき、aをPの**x座標**、bをPの**y座標**といい、

x座標　(a, b)　y座標

をPの**座標**という。また点Pを、

$$P(a, b)$$

とも書く（**図2**参照）。

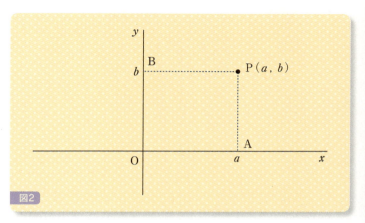

図2

具体的に**図3**においては、A、B、C、D、E、Fの座標はそれぞれただ1つの、

$$(3, 4)、(0, 3)、(-3, 1)、(-4, 0)、(-4, -2)、(3, -3)$$

に定まる。

もちろん、任意の数a、bに対し、(a, b)が座標となる**座標平面**上の点Pもただ1つ定まる。それは**図2**において、点AとBを先にとって、それから点Pを定める考え方である。

以上から、2つの数字の組である(a, b)という形で表される座標全体と、座標平面上の点全体は1つずつ漏れることなく対応がついたことになり、それが関数を視覚的に理解する出発点となるのである。

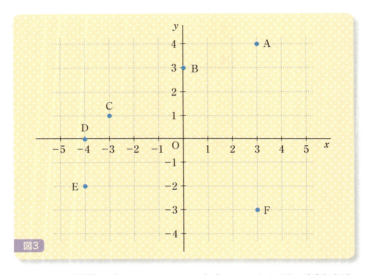

図3

　y が x の関数であって、$x = a$ のとき $y = b$ ならば、座標平面上に (a, b) が座標となる点をとることにする。この作業を x としてとりえるすべての値に対して行うことは、とりえる値が有限個である場合を除いて不可能である。しかしながら、x としてとりえるいろいろな有限個の値に対してその作業を行い、そのようにしてとった点をなめらかな線で結ぶことによって、その関数が描く**グラフ**の概略をつかむことは可能であろう。

　上で述べた素朴な作業は、与えられた関数の意味がわかればできることである。現在の日本の教育では、この部分の指導が軽んじられているといわざるをえない。難しい微分などを習わないと、ちょっとした関数のグラフの概略も描けないと勘違いしている人たちが実に多いのである。もちろん、図4に示したような**極大値**（その周辺での最大値）や**極小値**（その周辺での最小値）の正確な値を求めるには微分の知識が必要であるが。

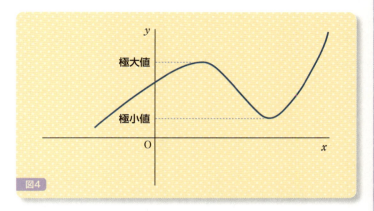

図4

　以下、x の関数 y の例をいろいろ与えて、前半ではいくつかの具体的な数値を x に代入して y の値を求め、後半ではそれらに対応する点を座標平面上にとる。前半と後半を比べることにより、関数を視覚的に理解する座標平面の威力を理解していただきたい。なお、四則計算程度ができる電卓は用いることにする。また各図においては、それらの点を通る実際のグラフも描いておく。もっと多くの点をとるべきであるが、ここでは省略することをご理解いただきたい。

例題 1

(ア) $y = -2 \times x + 3$
(イ) $y = 0.6 \times x - 1$

(ア) $x = 0$ のとき $y = 3$ であるから、座標平面上で点 $(0, 3)$ を通る。同様に計算すると、点 $(1, 1)$、$(2, -1)$、$(3, -3)$、$(-1, 5)$ を通ることがわかる。

(イ) $x = 0$ のとき $y = -1$ であるから、座標平面上で点 $(0, -1)$ を通る。同様に計算すると、点 $(1, -0.4)$、$(2, 0.2)$、$(3, 0.8)$、$(-1, -1.6)$ を通ることがわかる。

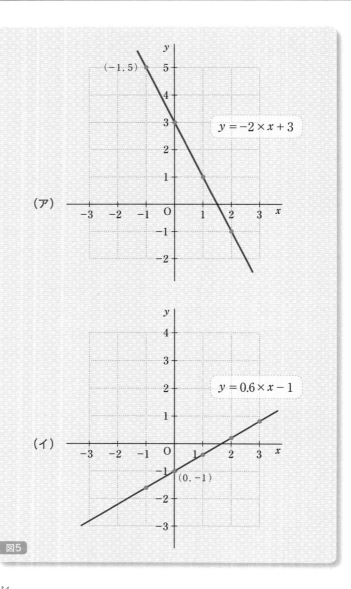

図5

$y = x^2 - 2 \times x - 1$

$x = 0$ のとき $y = -1$ であるから、座標平面上で点 $(0, -1)$ を通る。同様に計算すると、点 $(1, -2)$、$(2, -1)$、$(3, 2)$、$(4, 7)$、$(-1, 2)$ $(-2, 7)$ を通ることがわかる。

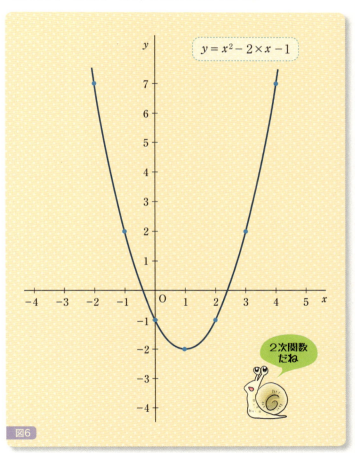

図6

例題 3 $y = -x^3 - 2 \times x - 1$

$x = 0$のとき $y = -1$であるから、座標平面上で点$(0, -1)$を通る。同様に計算すると、点$(1, -4)$、$(2, -13)$、$(-1, 2)$、$(-2, 11)$を通ることがわかる。

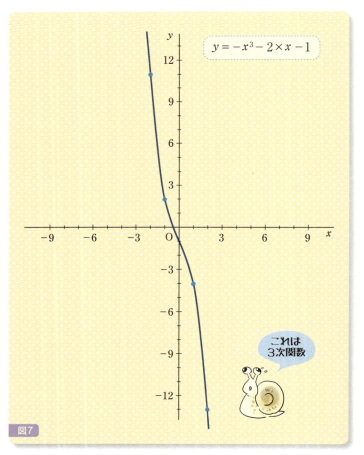

図7

図7のように、与えられた関数を座標平面上のグラフとして見るために、具体的に点の座標をいちいちとることに対して、「微分を習えばもっと正確にグラフを描けるはず」「関数のグラフを描くソフトもあるではないか」という疑問をもつ読者もいることだろう。

ところが、そのように素朴に点をとることを軽んじているために、奇妙なことがしばしば起こっていることの認識が弱いようである。たとえば、2014年の大学入試センター試験の数学IIの問3の(3)で、

$$y = \sin x - \cos 2x \ \cdots\cdots (*)$$

のグラフの概略を選択肢からマークさせる問題が出題された（本書では三角関数そのものは扱わない）。

以上のことから、$0 \leq x \leq 2\pi$ における関数 $y = \sin x - \cos 2x$ のグラフの概形として適切なものは 二 であることがわかる。 二 に当てはまるものを、次の⓪から⑤のうちから一つ選べ。

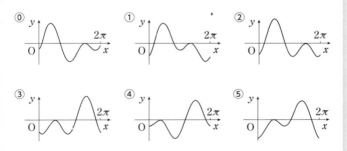

2014年の大学入試センター試験の数学IIの問3の(3)より

問3の(1)と(2)では、(3)の準備となる小問がいくつか設けられている。しかしながら、具体的に(*)が満たす点の座標をいくつかとることによって、(1)(2)とは無関係に正解を見破ることができるのだ。作問側は、「具体的な数値を代入して点の座標を求めれば、有限個の選択肢のある解答群から正解のグラフを見つけることができる」という認識が弱かったと思われる。

　一方、受験生側も(3)の設問の冒頭に「以上から……」という、(1)(2)の両方が解けないとできないような表現があることに惑わされたようであるが、「具体的な数値を代入して点の座標を求める」ことの意義をしっかり理解していれば、(1)(2)とは無関係に(3)の正解は得たであろう。

　具体的な数値を代入して点の座標を求めるという、算数+αの知識でできる素朴な発想を大切にしたいものである。

1次方程式

　算数では、いろいろな文章問題の解法を学んだことだろう。鶴亀算、年齢算、分配算、仕事算、旅人算、通過算などなど。鶴亀算や年齢算は鶴と亀の数や年齢を求める問題で、分配算や仕事算はお金や仕事の割合に関する問題で、旅人算や通過算は時間・距離・速さの問題である。

　どれも固有の解法があり、最初からそれらの「やり方」を学んだ人たちも少なくないだろう。しかしながら、鶴亀算と年齢算を見るまでもなく、「guess and check」教育の適当な教材例でもある。その意味がわかる例を2つ挙げよう。

「鶴と亀があわせて50匹います。それらの足の数の合計は140本です。鶴と亀はそれぞれ何匹いますか？」

あわせて50匹というので、とりあえず25匹ずつだとどうだろうか。鶴の足で50本、亀の足で100本になって、あわせて150本の足。ちょっと足の本数が多いので、足の本数の少ない鶴を増やして、足の本数の多い亀を減らしてみよう。

鶴を31羽、亀を19匹にすると、鶴の足で62本、亀の足で76本になって、あわせて138本の足。今度はちょっと足の本数が少ないが、140本との差はたったの2本である。鶴を1羽減らして亀を1匹増やすと足が2本増える。そこで答えは、鶴が30羽、亀が20匹となる。

25匹ずついる場合は 足の数は 150本になる
足の数の合計を140本にするためには？
カメの数を減らしてみる……

亀を鶴に変えると足は2本減るよ

例題 2 「父の年齢は子の年齢より24歳多く、いまから4年前には、父の年齢は子の年齢の4倍でした。父と子の現在の年齢はそれぞれ何歳ですか？」

年齢の差が24歳というので、とりあえず現在、父は30歳で子は6歳としたらどうだろうか。4年前は、父は26歳で子は2歳となって、父は子の13倍。

それぞれに数字を加えると倍率は下がるので、現在、父は35歳で子は11歳としてみよう。4年前は、父は31歳、子は7歳となって、父は子の4倍ちょっと。ここで31と7それぞれに1を加えると、32と8となって、ちょうど4倍。そこで答は、現在、父は36歳、子は12歳となる。

父	子	
25 ÷	1	…… 25倍
26 ÷	2	…… 13倍
27 ÷	3	…… 9倍
28 ÷	4	…… 7倍
29 ÷	5	…… 4.18倍
30 ÷	6	…… 5倍
31 ÷	7	…… 4.4…倍
32 ÷	8	…… 4倍

最初から「やり方」をまねて解けるようにするよりも、上の2つの例のように試行錯誤を大切にする素朴な解法のほうが、将来、役立つのではないだろうか。だからこそ欧米では、日本より「guess and check」教育を大切にしていると考える。

本書は、「空手の精神」あるいは「無人島にたどり着いた人の精神」のようなものを参考にして、素朴な発想を活かして学ぶ数学を語るものである。上で紹介した「guess and check」教育の考え方をいちいち述べていくこともできないが、本書の底流にあるものだと留意していただければ幸いである。

41

ここから、未知の数を表す文字を含む等式である**方程式**を考えていこう。特に、「等式にある等号の両辺に同じ数を足したり、引いたり、掛けたり、割ったりしても等式はそのまま成り立つ」という当然の性質を前面にだして学ぶことにしたい。この背景には、たとえば、xを未知のものとした方程式、

$$4x - 6 = x + 9$$

を、

$$4x - x = 9 + 6$$

に変形する**移項**に関して、意味を理解せずに「やり方」だけ学んだ高校生や大学生がそれを忘れると、どのようにしてよいか迷ってしまう事例が多々あるからである。

　未知数としての文字xがある方程式、

$$3 \times x - 4 = x + 2 \quad \cdots\cdots ①$$

は、両辺から$x+2$を最初に引くことから始めて、次のように変形できる。

$$3 \times x - 4 - (x+2) = x + 2 - (x+2)$$
$$3 \times x - 4 - x - 2 = 0$$
$$3 \times x - x - 4 - 2 = 0$$
$$(3-1) \times x - 6 = 0$$
$$2 \times x - 6 = 0 \quad \cdots\cdots ②$$

①から②に変形したように、

$$\triangle \times x + \square = 0$$

という形に変形できる方程式をxについての**(1元)1次方程式**という。なお、ここで△と□は、一定の数値を示す**定数**である。
方程式①を満たすxの「解」は、②より、

$$x = 3$$

であることがわかる。

次に、**未知数**（未知の数）としての文字xとyがある2つの等式からなる方程式、

$$\begin{cases} 4 \times x + 4 \times y - 2 = 3 \times x + y + 4 & \cdots\cdots ③ \\ x - y + 1 = -x - 2 \times y + 8 & \cdots\cdots ④ \end{cases}$$

は、①から②に変形したのと同様にして、③の両辺には$2 - 3 \times x - y$を加え、④の両辺には$-1 + x + 2 \times y$をそれぞれ加えると、以下のように変形できる。この変形の要点は、左辺は文字がある項だけにして、右辺は数字がある項だけにすることである。

なお**項**とは、たとえば**文字式**（文字や数を含む式）、

$$4 \times x + 4 \times y - 2$$

においては、

$$4 \times x \,、\, 4 \times y \,、\, -2$$

のことである。

$$\begin{cases} 4 \times x + 4 \times y - 2 + 2 - 3 \times x - y \\ \qquad\qquad\qquad = 3 \times x + y + 4 + 2 - 3 \times x - y \\ x - y + 1 - 1 + x + 2 \times y = -x - 2 \times y + 8 - 1 + x + 2 \times y \end{cases}$$

$$\begin{cases} (4-3) \times x + (4-1) \times y \\ \qquad = (3-3) \times x + (1-1) \times y + 4 + 2 \\ (1+1) \times x + (-1+2) \times y + 1 - 1 \\ \qquad = (-1+1) \times x + (-2+2) \times y + 8 - 1 \end{cases}$$

$$\begin{cases} x + 3 \times y = 6 & \cdots\cdots ⑤ \\ 2 \times x + y = 7 & \cdots\cdots ⑥ \end{cases}$$

③、④から⑤、⑥に変形したように、

$$\begin{cases} △ \times x + □ \times y = ○ \\ ▲ \times x + ■ \times y = ● \end{cases}$$

という形に変形できる方程式を、xとyについての**連立1次方程式**という。なお、△、□、○、▲、■、●は定数である。

ここで⑤を変形すると、

$$x + 3 \times y - x = 6 - x$$
$$3 \times y = 6 - x$$
$$3 \times y \times \frac{1}{3} = (6 - x) \times \frac{1}{3}$$
$$y = 2 - \frac{1}{3} \times x$$
$$y = -\frac{1}{3} \times x + 2 \qquad \cdots\cdots ⑦$$

となり、⑥を変形すると、

$$2 \times x + y - 2 \times x = 7 - 2 \times x$$
$$y = 7 - 2 \times x$$
$$y = -2 \times x + 7 \qquad \cdots\cdots ⑧$$

となる。

⑦と⑧は、それぞれ y を x の関数と見ることができる式で、前節の**例題1**を参考にすると、**図8**に示すように2つの直線として表すことができる。

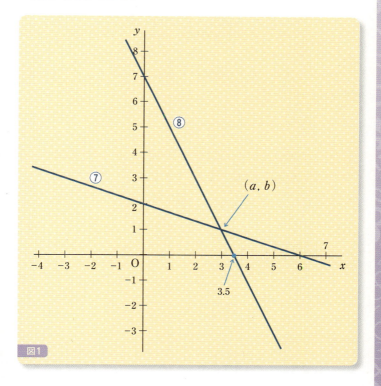

図1

図1における2つの直線の交点の座標を (a, b) とすると、

$$x = a, \quad y = b \quad \cdots\cdots \text{⑨}$$

は、⑦と⑧の両方で成り立つただ1つの組であることを意味す

る。したがって、⑨は⑤と⑥の連立方程式の唯一の解であり、すなわち⑨は③と④の連立方程式の唯一の解となる。

図8を見ることにより、aとbの大体の値は見当がつくだろう。これは実用上、あるいは計算ミス防止としては意義のあることであるが、見るだけでは正確な数値を得ることはできない。そのためには⑦と⑧の連立方程式、あるいは⑤と⑥の連立方程式を解く必要がある。

⑦と⑧の連立方程式を解くことは簡単で、⑦の右辺と⑧の右辺が等しいことから、

$$-\frac{1}{3} \times x + 2 = -2 \times x + 7$$

を得る。計算はなるべく整数の範囲で行うほうが間違いにくいので、上式の両辺を3倍すると、以下を得る。

$$\left(-\frac{1}{3} \times x + 2\right) \times 3 = (-2 \times x + 7) \times 3$$
$$-x + 6 = -6 \times x + 21$$
$$-x + 6 + 6 \times x - 6 = -6 \times x + 21 + 6 \times x - 6$$
$$(-1 + 6) \times x = 15$$
$$5 \times x = 15$$
$$x = 3$$

それゆえ⑧より、

$$y = -2 \times 3 + 7 = 1$$

も得る。

今度は、⑤と⑥の連立方程式を解いてみよう。

⑤の両辺を2倍すると、

$$2 \times x + 6 \times y = 12 \quad \cdots\cdots ⑩$$

を得る（数行後にxのない式を導くために、⑤の両辺を2倍した）。

$$2 \times x + y = 7 \quad \cdots\cdots ⑥$$

であるので、⑩から⑥の辺々を引くと、

$$2 \times x + 6 \times y - (2 \times x + y) = 12 - 7$$
$$2 \times x + 6 \times y - 2 \times x - y = 12 - 7$$
$$(6-1) \times y = 5$$
$$5 \times y = 5$$
$$y = 1$$

を得る。

それゆえ⑤より、

$$x + 3 \times 1 = 6$$
$$x = 3$$

を得る。

次の**例題3**は、連立1次方程式の応用として解くことが自然だろう。

なお、

> 利益率＝原価に対する利益の割合
> 値引き率＝定価に対する値引き額の割合

である。

例題 3 「ある商品を値引き率15%で売ると600円の利益があり、値引き率20%で売ると200円の利益がある。その商品の原価と定価はいくらか？」

原価を x〔円〕、定価を y〔円〕とすると、以下の2つの式が成り立つ。

$$\begin{cases} y \times 0.85 = x + 600 & \cdots\cdots ⑪ \\ y \times 0.8 = x + 200 & \cdots\cdots ⑫ \end{cases}$$

⑪から⑫の辺々を引くと、

$$y \times 0.85 - y \times 0.8 = x + 600 - (x + 200)$$
$$y \times (0.85 - 0.8) = x - x + 600 - 200$$
$$y \times 0.05 = 400 \quad \cdots\cdots ⑬$$
$$y = 400 \div 0.05 = 8000 〔円〕$$

したがって、⑫より、

$$8000 \times 0.8 = x + 200$$
$$x = 6400 - 200 = 6200 〔円〕$$

以上から、原価は6200円、定価は8000円である。

ところで、算数という学問はすごいもので、算数として**例題3**の問題を解くときは、いきなり⑬の式を思いつくのである。数学は、算数の苦手な人が学ぶのかと思いたくもなる。

次の**例題4**は、算数として解くことをオススメしたい問題である。

例題 4

「同じ速さで走行している電車がある。信号機を通過するのに10秒かかり、その先にある長さ160mの鉄橋を通過するのに18秒かかる。電車の全長と速さを求めよ」

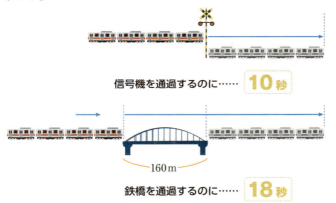

信号機を通過するのに……**10秒**

鉄橋を通過するのに……**18秒**

　信号機を通過するのに10秒かかるということは、電車は、電車の全長分の距離を進むのに10秒かかるということである。これに気づくことがすべて、といえる問題である。

　電車は［鉄橋の長さ］＋［電車の全長］を進むのに18秒かかるので、電車は［鉄橋の長さ］を進むのに8秒かかることになる。鉄橋の長さは160mなので、電車の速さは秒速20m、それゆえ電車の全長は、20mに10を掛けて200mになる。

　よく「中学入試の文章問題は、数学の方程式を使うと簡単に解けるが、算数として解くのは難しい」という話を聞くが、「その表現にある『数学』と『算数』の言葉を取り替えたほうが適当ではないか」と思うこともしばしばである。

本章最後の**例題5**は仕事算であるが、**背理法**の考え方を絡めた実践的な問題である。なお**背理法**とは、結論を否定して矛盾を導いて結論の成立をいう証明法である。Aさんが犯人でないことを証明するために、Aさんが犯人だとしてアリバイによる矛盾を示す論法も、その一例である。

例題 5

A、B、Cの3人がいて、ある仕事を3人で行っても1時間以上かかるとする。A、B、Cが1分あたり行う仕事量を a、b、c とするとき、3人が1分あたり行う仕事量は $a + b + c$ であるように、複数人が1分あたり行う仕事量は、その複数人を構成するものの1分あたり行う仕事量の和になっているとする。このとき、1人が単独でその仕事を行うと、2時間以上かかるものが少なくとも2人いることを背理法で証明しよう。

　単独でその仕事を行って、2時間以上かかるものが1人以下の場合があるとすると、3人のうちの少なくとも2人は、単独でその仕事を2時間未満で終わらせることになる。そこで、その2人をX、Yとすると、XとYはどちらも単独で1時間あたり、仕事全体の半分より多くを終わらせることになる。したがって、XとYの2人でその仕事を行うと、1時間より短い時間でその仕事を終わらせることになって、最初の仮定に反して矛盾である。それゆえ、1人が単独でその仕事を行うと、2時間以上かかるものが少なくとも2人いるのである。

　およそ算数や数学という教科は数字などを用いて、仮定から結論に至る議論を誰にも誤解されないように厳密に積み上げるものである。したがって、数式はかならずしも必要ではないのである。上の**例題5**は、それも強調したい問題である。

2

樹形図で工夫する
順列・組合せ・確率

樹形図と順列・組合せ

　さまざまなものの個数を数えるとき、基本はイチ、ニ、サン、シ……と1つずつ指折り数えていくことである。それが**順列**や**組合せ**という特殊な対象になると、高校で学ぶ公式を用いて便利に数えることができる。ところが、それだけに注目していると、基本を見失うことになりかねないのである。まず、順列と組合せの言葉の説明をしよう。

　a、b、c、dの4枚のカードから2枚を選んで順番をつけて並べる並べ方のすべては、

$$ab、ac、ad、ba、bc、bd、$$
$$ca、cb、cd、da、db、dc$$

の12通りである。このように、いくつかのものから順番をつけた並びをつくるとき、それらの並びを**順列**という。

　一方、a、b、c、dの4枚のカードから2枚を選んで順番をつけないで選びだす組のすべては、中括弧の中にそれぞれの組の要素を書くと、

$$\{a,b\}、\{a,c\}、\{a,d\}、$$
$$\{b,c\}、\{b,d\}、\{c,d\}$$

の6通りがある。このように、いくつかのものから順序を無視した組をつくるとき、それらの組を**組合せ**という。

　高校数学では順列記号Pと組合せ記号Cを用いた公式を学び、それを使うことによって順列や組合せの場合の数を求める練習をする。ここで「場合」とは、順列や組合せなどを考えるときの対象とする事柄の総称である。

　大学教員人生で膨大な入学試験答案や期末試験答案を見てきたが、1つずつ指折り数えていくことを忘れてPやCの依存症にかかったかのような間違い答案を数多く見てきた。そこで、数えることの原点に戻る気持ちになって、以下いくつかの例で樹形図を用いた素朴な数え方を述べよう。

例題 1 図1のような路線図があるとき、出発地Ⓐから到着地Ⓕに至るルートは何本あるか、樹形図を用いて求めてみよう。ただし、同じ地点は2度通らないものとする。

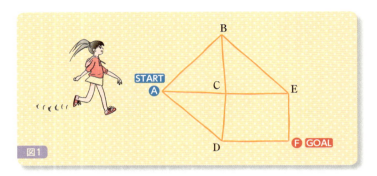

図1

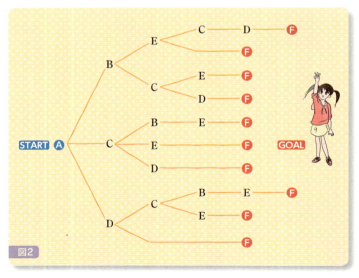

図2

図2より、求めるルートは10本になる。

0、1、2、3のみをそれぞれ0個以上用いた3桁の数字は全部でいくつあるか？

(1) 数字の重複を許す場合
(2) 数字の重複を許さない場合

について、それぞれ求めてみよう。

(1) 百の位は1、2、3のどれかであり、たとえば百の位が1のときは図3の16通りがあり、百の位が2あるいは3のときも同じである。

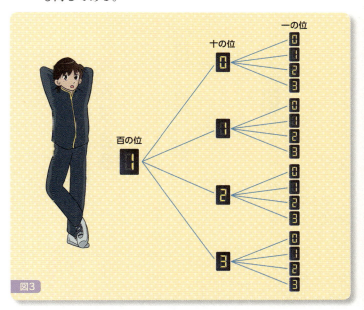

図3

図3において、十の位は0、1、2、3のどれかで、それらの各々について一の位も0、1、2、3のどれかである。そこで百の位が1のときは、3桁の数字は、

$$4 \times 4 = 16 〔個〕$$

あると理解できる。以上から、求める数は、

$$16 \times 3 = 48 〔個〕$$

となる。

(2) 百の位は1、2、3のどれかであり、たとえば百の位が1のときは図4の6通りがあり、百の位が2あるいは3のときも同じである。

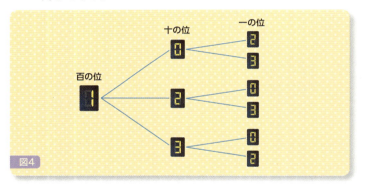

図4

図4において、十の位は3通りで、それらの各々について一の位は2通りある。そこで百の位が1のときは、3桁の数字は、

$$3 \times 2 = 6 〔個〕$$

あると理解できる。以上から、求める数は、

$$6 \times 3 = 18 〔個〕$$

となる。

う〜ん？

第2章 樹形図で工夫する順列・組合せ・確率

例題 3 ⒶとⒷの2チームで何回か試合を行い、先に3勝したほうを優勝チームとする。また、優勝が決まった時点ですべての試合は終了し、各試合で引き分けはないものとする。Ⓐが優勝する場合のⒶとⒷの勝ち負けの順列はいくつあるかを求める。

図5より10通りであることがわかる。

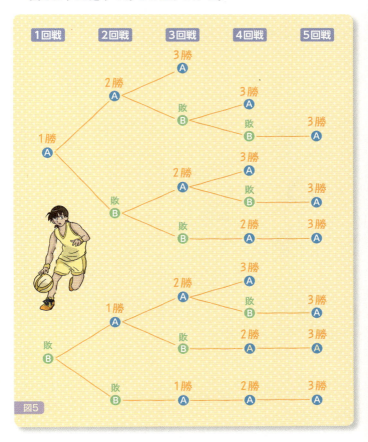

図5

碁盤の目になっている図6（ア）において、❹から❸に至る最短ルートは何本あるか求めてみよう。

たとえば図6（イ）のルート、すなわち1回目が上、2回目が右、3回目が右、4回目が上、5回目が右のルートを、左から、

と表すことにする。

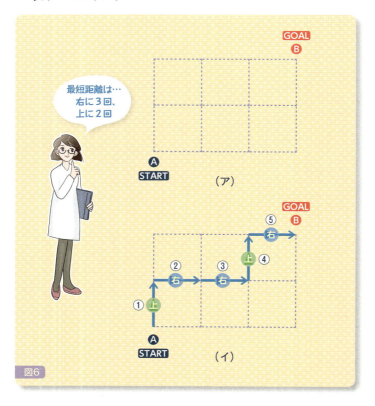

❹から❺に至る最短ルートでは、上2回、右3回がちょうど必要なので、図7のように考えることによって最短ルートは10本であることがわかる。

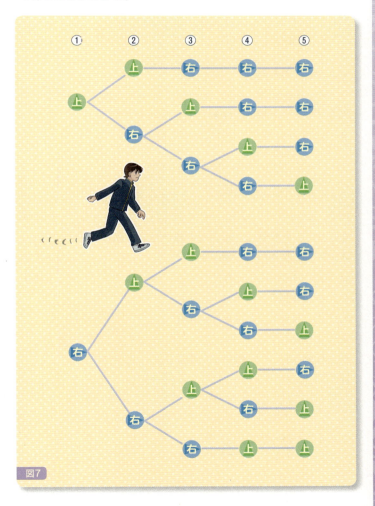

図7

次に、順列と組合せの意味を学ぼう。

いま、a、b、c、d、e、fの6文字から、異なる3文字を取りだして順序をつけて並べる順列の総数を考えると、図8の樹形図からその数は、

$$6 \times 5 \times 4 = 120$$

であることがわかる。

一方、a、b、c、d、e、fの6文字から、順序をつけないで異なる3文字を取りだす組合せの総数を考えると、たとえば3文字a, b, cに順序をつけて並べる順列、

$$abc、acb、bac、bca、cab、cba$$

の6通りは、順序をつけないことによって同じものになる。それゆえ、a、b、c、d、e、fの6文字から、順序をつけないで異なる3文字を取りだす組合せの総数は、それら6文字から異なる3文字を取りだして順序をつけて並べる順列の総数を6で割ればよいのである。それは上のa、b、cのように、同じ3文字を使った順列の6個ずつが、順列を考慮しない1つの組合せになるからである。

したがって、その組合せの総数は、

$$120 \div 6 = 20$$

であることがわかる。

第2章 樹形図で工夫する順列・組合せ・確率

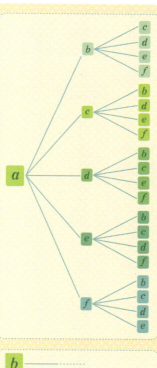

aで始まるのが…
20通り…

20通りが6通り…

図8

例題 5 ⒶⒷⒸⒹⒺⒻⒼの7人から委員長、副委員長、書記の3人を決める場合の数を求めてみよう。また、たんに3人からなる委員会を決める場合の数も求めてみよう。

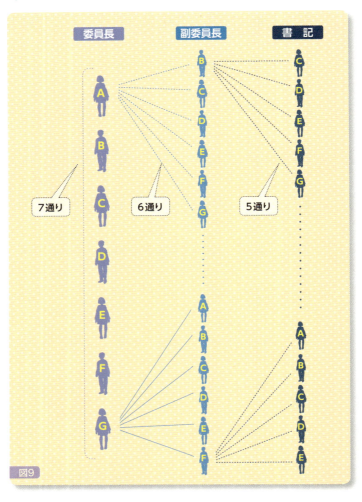

図9

求める数は図9より、相異なる7個のものから3個を取りだして並べる順列の総数であることがわかる。

したがって、求める数は、

$7 \times 6 \times 5 = 210$〔通り〕

となる。

また、もし委員長、副委員長、書記の3人に区別をつけないで、たんに3人からなる委員会を決める場合の数を求めると、

これは相異なる7個のものから3個を取りだす組合せの総数になる。したがって、求める数は、

$(7 \times 6 \times 5) \div (3 \times 2 \times 1) = 35$〔通り〕

となる（6文字から異なる文字を取りだす組合せの総数の説明を参照）。

碁盤の目になっている図10（ア）において、❹から❺に至る最短ルートは何本あるか求めてみよう。

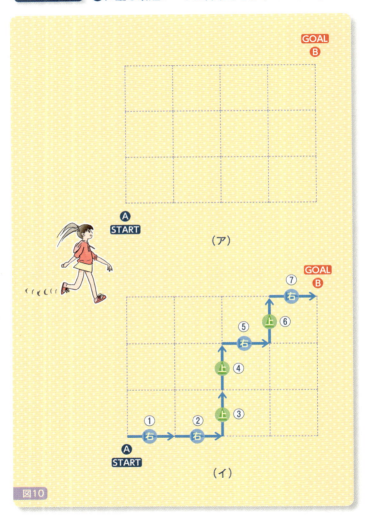

図10

例題4と同様に考えて、たとえば図10(イ)のルートを、左から、

と表すことにする。

❹から❺に至る最短ルートを、

　　①－②－③－④－⑤－⑥－⑦

と書いたとき、①、②、③、④、⑤、⑥、⑦の7個のうち「上」になる3個を決めると、ほかは「右」になる4個となる。ちなみに図10(イ)では、③、④、⑥が「上」になる3個である。

このように考えると、❹から❺に至る最短ルートの総数は、7個のもの①、②、③、④、⑤、⑥、⑦から3個を取りだす組合せの総数となる。したがって、求める数は例題5の後半と同じで、35本になる。

例題 7 Ⓐ、Ⓑ、Ⓒ、Ⓓ、Ⓔ、Ⓕ、Ⓖの7人が円形のテーブルに座る場合の数を求めてみよう。ここで円形のテーブルを回転させると、図11の（ア）と（イ）は同じ座り方となることに注意する。

(ア)と(イ)は人の並びが同じ…だね

図11

そこで、いま図12のように🅐が座る位置を固定してみる。

それによってほかの○には🅑、🅒、🅓、🅔、🅕、🅖の6人が座ることになるが、🅐の右隣が先頭、🅐の左隣が最後尾となる順列が考えられる。

図12

したがって、求める数は相異なる6個のものから6個全部を並べる順列の総数となるので、それは、

$$6 \times 5 \times 4 \times 3 \times 2 \times 1 = 720$$

となる。

さて、そもそも順列や組合せはなぜあるのだろうか。それは、対象とするものの個数を効果的に数えるためである。そして、ものの個数を効果的に数えるという視点から忘れてはならないものに、「2通りに数える」というものがある。この発想は素朴であるものの、離散数学という分野で特に重要なものであり、次の例で説明しよう。

例題 8 アルバイト店員が何人か在籍する年中無休のお店で、次の形態で一週間のスケジュールを組むとする。
(i) アルバイト店員は、誰もが一週間にちょうど3日出勤する。
(ii) 何曜日でも、ちょうど30名のアルバイト店員が出勤する。
以上の条件のもとで、アルバイト店員の総人数は何人になるだろうか。

図13のように、縦軸に名前、横軸に曜日をとり、各人が出勤する曜日を白丸によって表すことを想定する。図13においては、斉藤は日・水・土、佐藤は月、火、金、山田は月、木、金にそれぞれ出勤する。

いまアルバイト店員の総人数を n とすると、
(i)より、 図における白丸全体の個数は $3 \times n$ 個である。
　　　　　これは、各行の白丸の個数が3個だからである。
一方、
(ii)より、 図における白丸全体の個数は 30×7 個である。
　　　　　これは、各列の白丸の個数が30個だからである。

図13

（i）と（ii）より、それらは等しいので、

$$3 \times n = 30 \times 7$$

となって、$n = 70$〔人〕がわかる。

上において、行の白丸の合計と列の白丸の合計が等しいという性質を用いていることに注目したいのである。

本節の最後に、実践的な例を2つ挙げておこう。

例題 9　ナンバーズ4宝くじは、4桁の数字□□□□を当てる宝くじである。各桁の□に入る数字は0から9までであるので、0000～9999までの数字全体から数字を選んで予想するのである。

ちなみに、それらの数字全体の個数は、

$$10 \times 10 \times 10 \times 10 = 10000$$

である（樹形図を想像）。これは、先頭の数字が10通りあり、その各々に対して2番目の数字が10通りあり、その各々に対して3番目の数字が10通りあり、その各々に対して4番目の数字が10通りあるからである。

1996年9月2日の「くじの日」に、私はフジテレビの朝の生番組に出演してナンバーズ4宝くじについて話したことを思いだすが、一般に2829や0777や3991のように重複のある数字はあまりでないと思う人たちが多いようである。そこで、重複のない4桁の数字 $a\,b\,c\,d$ はいくつあるかを考えてみると、意外に多くないのである。

実際、1番目の数字 a は0～9までなんでもよく、2番目の数字 b は a 以外の数字ならばなんでもよく、3番目の数字 c は a、b 以外ならばなんでもよく、4番目の数字 d は a、b、c 以外ならばなんでもよい。したがって、それら全部の4桁の数字 $a\,b\,c\,d$ は、

$$10 \times 9 \times 8 \times 7 = 5040 〔個〕$$

である（樹形図を想像）。4桁の数字は全部で10000個あるので、そのうち4桁の数字が全部異なるものは約半分しかないことになる。すなわち、約半分は重複のある数字なのである。

例題 10

トーナメント戦でベスト8のA、B、C、D、E、F、G、Hが決まり、その後は図14のトーナメント戦で1位（優勝）と2位（準優勝）を決め、さらにトーナメント戦で最初に勝って次に負けたもの同士で3位・4位決定戦を行い、またトーナメント戦で最初に負けたもの同士で5位～8位決定戦を、1位～4位決定戦と同様に行うものとする。

ここで、Aが優勝してBが準優勝することはない。そこで、1位から8位までの順位表としてありえる列は全部でいくつあるかを考えてみよう。

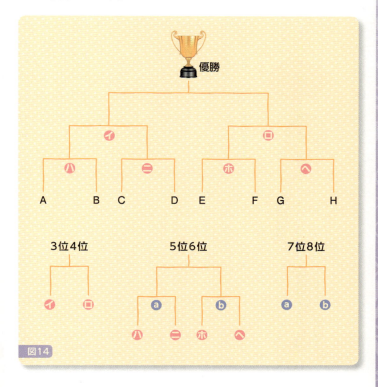

図14

まず、ベスト8から決勝戦までは図14で数えてもわかるように、ちょうど7試合ある。それ以外に3位・4位決定戦で1試合あり、5位〜8位決定戦で4試合あるので、ベスト8から1位〜8位の順位を決めるまでに全部で12試合あることになる。それら12試合のそれぞれは2通りの結果があるので、1位から8位までの順位表としてありえる列は全部で、

$$2\times2\times2\times2\times2\times2\times2\times2\times2\times2\times2\times2 = 4096 〔通り〕$$

あることがわかる（樹形図を想像）。

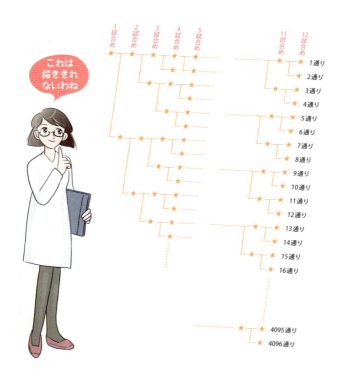

1
1兆5427億9448万640

　2011年の第2回AKB48じゃんけん大会では71名が参加し、「トーナメント大会による上位8人の8連単を当てると、お気に入りのメンバーと雑誌の表紙を飾ることができる特典つき」というものであった。上位8人の8連単を当てる確率は1兆5427億9448万640分の1」という雑誌やスポーツ新聞での記事、あるいはテレビでの報道があり、それを見た瞬間に「これは怪しい！」とピンときたのである。

　実際、報道された計算には間違いがいくつかあり、その1つ

に、ベスト8がでそろった段階で、1位から8位までの順位表としてありえる列は全部で、

$$8 \times 7 \times 6 \times 5 \times 4 \times 3 \times 2 \times 1 = 40320 〔通り〕$$

と計算していたことがある。これは、AからHまでの可能な順列（並べ方）全部の数であり、たとえばAが優勝してBが準優勝するような、ありえない場合も含めていた。私は、報道の誤りを訂正することは「数学教育の生きた教材として意義がある」と考え、上記の内容を含むいくつかの誤りを『週刊朝日』2011年9月23日号などに書いたことを思いだす。

　順列記号Pや組合せ記号Cに頼らないでも、樹形図という素朴な道具を用いるだけでいろいろな対象の個数を求めることができるのである。

素朴な樹形図の発想が大事なの！

確率と期待値

　確率という言葉は毎日の天気予報でも用いられているように、誰もがよく使うものである。ところが、その意味を誤解している場合が少なくない。

　確率には**経験的確率**と**数学的確率**の2つがある。前者は**統計的確率**ともいい、実際の膨大な統計的資料から求めるものである。近年、日本の出生児数に対する男児の割合はだいたい51.3％ぐらいで推移している。毎日、約3千人の新生児が誕生するならば、約28.8秒に1人が生まれていることになる。元旦の0時ちょうど以降に生まれた子に順番をつけるとき、最初に生まれる新生児は51.3％ぐらいの可能性で男子ではないかと予想できる。そして、最初に生まれた新生児の性別にかかわらず、

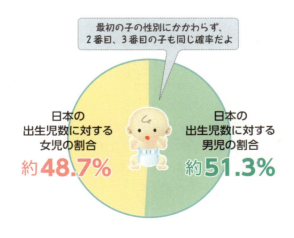

2番目に生まれる新生児も51.3%ぐらいの可能性で男子ではないかと予想できる。そして、最初と2番目に生まれた新生児の性別にかかわらず、3番目に生まれる新生児も51.3%ぐらいの可能性で男子ではないかと予想できる。以下同様。

上記のことから、日本で生まれてくる新生児は誰でも**同様に確か**なこととして、51.3%ぐらいの可能性で男子となる。これを、「日本で生まれて来る新生児が男子となる**確率**は51.3%である」というのである。

次に数学的確率を説明しよう。サイコロを投げるとき、いつでも**同様に確か**なこととして、$\frac{1}{6}$ぐらいの可能性で1の目がでる。これは、統計的なデータからではなく、そのように仮定して考えようという立場であることに留意したい。そして、「サイコロを投げるとき1の目がでる**確率**は$\frac{1}{6}$である」というのである。

一方、サイコロが見えないように細工してあって、次の目の順番で規則正しくでる場合を想定する。

⚀ ⚁ ⚂ ⚃ ⚄ ⚅ ⚀ ⚁ ⚂ ⚃ ⚄ ⚅ ⚀ ⚁ ⚂ ⚃ ⚄ ⚅ ……

このサイコロを6000回投げると、それぞれの目はちょうど1000回ずつでるが、「このサイコロは、それぞれの目が確率$\frac{1}{6}$ででる」とはいえないのである。それは、1回目はかならず1の目がでて、2回目はかならず2の目がでて、…、6回目はかならず6の目がでて、7回目はかならず1の目がでて、…というようになっているからで、そのようにいえるためには、何回目に投げるときも、どの目も同じ可能性ででると考えられることが必要なのである。

上で考えてきたように、それぞれの事象が同じ可能性で起こ

ると考えられるとき、それぞれの事象は**同様に確か**という。この**同様に確か**という言葉は、よほど注意しないと忘れてしまうかもしれないが、確率を学ぶうえでもっとも重要な言葉である。

一般に、コインやサイコロを投げるなどのなんらかの試行で、起こり得るすべての場合が n 通りあり、そのどの場合も起こることが同様に確かとする。このとき、それらのうちのある事柄の場合が a 通りあるならば、その起こる**確率** p は、

$$p = \frac{a}{n}$$

で与えられる。

なお、確率が 1 ということは確率が 100%、確率が $\frac{1}{2}$ ということは確率が 50% であること、などなどに留意しよう。

サイコロを投げるとき、起こり得るすべての場合の目は、1、2、3、4、5、6 である。また、それらのどの目がでることも同様に確かである。そして、3 の倍数の目は 3 と 6 の 2 通りなので、3 の倍数の目がでる確率は、

$$\frac{2}{6} = \frac{1}{3}$$

となる。

なお「同様に確か」という表現は**同様に確からしい**ともいう。以下、いろいろな例を通して確率を学んでいこう。ここでも素朴な樹形図の発想で問題が解決している点に注目してもらいたい。

例題 1 A、B、C、D、E、F、G、Hの8人が、図1のようなかたちでじゃんけんトーナメント戦を行う。じゃんけんでの強弱はないとするとき、Aが優勝する確率を求めよう。

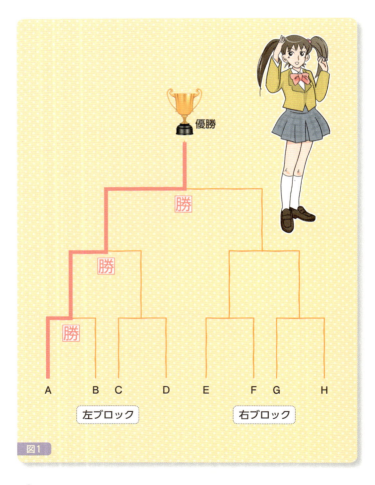

図1

Aは1回目の対戦でBに勝ち、2回目の対戦でCとDの勝者に勝ち、3回目の対戦でE、F、G、Hの代表者に勝たなければならない。

いま次の樹形図を考えると、全部の8通りは同様に確かである。したがって求める確率は$\frac{1}{8}$となる。

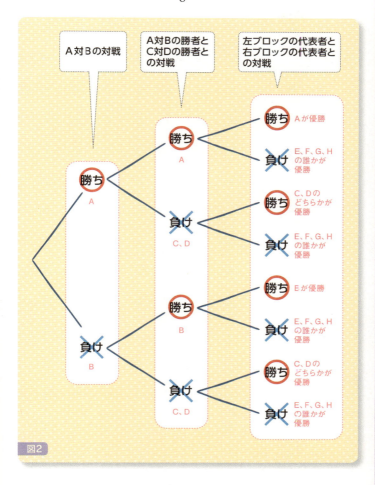

図2

| 例題 | 2 |

コインを3回投げるとき、表が2回、裏が1回でる確率を求めよう。結果として考えられるのは、図3の樹形図で示す8通りである。

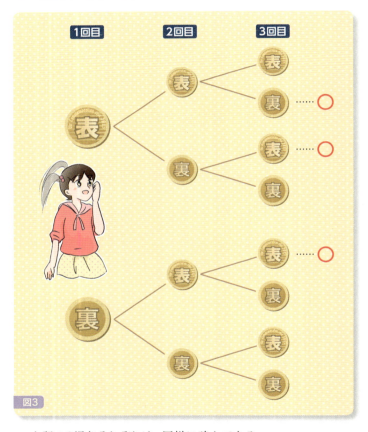

図3

上記の8通りそれぞれは、同様に確かである。

表が2回、裏が1回でる確率は〇で示した3通りなので、求める確率は$\frac{3}{8}$となる。

例題 3 1回目にコインを投げて、2回目にサイコロを投げるとき、コインは表がでて、サイコロは奇数の目がでる確率を求めよう。結果として考えられるのは、図4の樹形図で示す12通りである。

図4

上記の12通りそれぞれは、同様に確かである。コインは表、サイコロは奇数の目がでる場合に〇をつけると、図4で示した3通りになる。したがって求める確率は、

$$\frac{3}{12} = \frac{1}{4}$$

となる。

例題 4 A、B、Cの3人でじゃんけんを1回行うとき、あいこになる確率を求めよう。ただし、誰もがグー、チョキ、パーをそれぞれ確率 $\frac{1}{3}$ でだすとする。

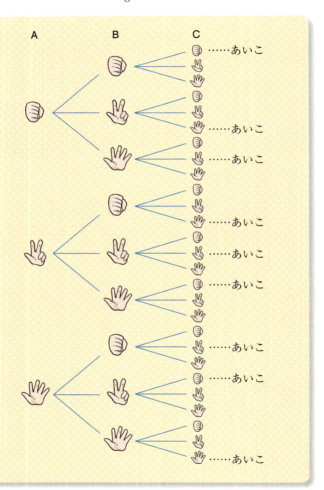

図5

A、B、Cの3人でじゃんけんを1回行うとき、図5の場合が考えられる。図5の樹形図で示した27通りすべては、どれも同様に確かである。それらのうち、あいこになるのは9通りなので、

$$あいこになる確率 = \frac{9}{27} = \frac{1}{3}$$

となる。

例題 5 箱Aには、赤玉が3個と白玉が2個入っている。また箱Bには、赤玉が4個と白玉が1個入っている。箱Aと箱Bからそれぞれ無作為に1個ずつ玉を取りだすとき、両方とも赤玉である確率を求めよう。また、少なくとも1つが白玉である確率も求めよう。

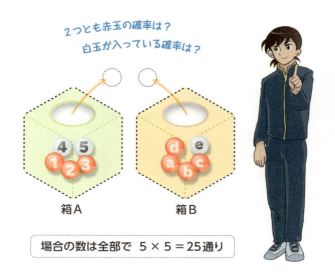

場合の数は全部で 5 × 5 = 25通り

いま、**箱A**の赤玉を❶、❷、❸で表し、**箱A**の白玉を④、⑤で表す。また**箱B**の赤玉を🅐、🅑、🅒、🅓で表し、**箱B**の白玉を🅔で表す。

たとえば、**箱A**から❷を取りだし、**箱B**から🅓を取りだすとき、その結果を(❷, 🅓)で表すとすれば、次の25通りの場合は同様に確かである。

上のリストにおいて、両方とも赤玉である場合は色つけした12通りである。したがって、求める確率は$\frac{12}{25}$となる。

また、「少なくとも1つが白玉」という場合は、「両方とも赤玉である」ということを除く場合になるので、少なくとも1つが白玉である確率は、

$$1 - \frac{12}{25} = \frac{13}{25}$$

となる。

A、B、C、D、E、F、G、H、I、J、Kの11人から1人を公平に選びたい。

あみだくじならば可能であるが、時間がかかる。じゃんけんを考えると、12人ならば4人ずつの3つのブロックに分けて行い、次にブロック代表の3人で行えばよい。しかし11は素数（1とそれ以外では割り切れない数）なので、そのように2段階には分けられない。もっとも、1個のサイコロで透明人間1人として加えて、12人として行うことは可能であるが（1と2はグー、3と4はチョキ、5と6はパー）。もし11人全員でじゃんけんを行うと、最初の勝負がなかなか決まらないだろう。

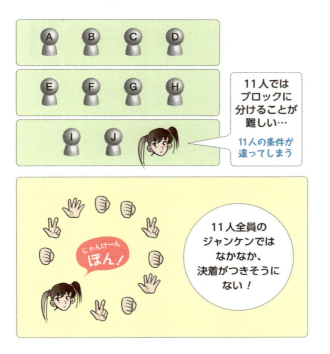

実は、コインとサイコロがあれば、図6のように対応させてからいっしょに投げればよい。コインが裏でサイコロが6となるのは、確率 $\frac{1}{12}$ の事象であるが、何回投げてもその事象だけ起こることはまずないだろう。

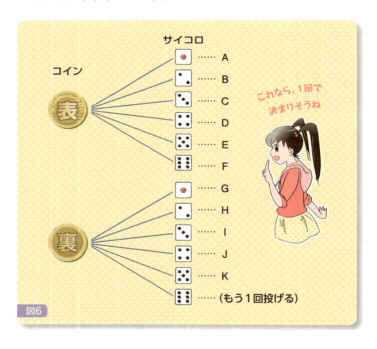

図6

例題6の発想を応用すれば、何人から1人を公平に選ぶのも容易であることがわかるだろう。

100本の中に10本の当たりがあるくじ引きAと、1000本の中に100本の当たりがあるくじ引きBがある。このとき、Aから2本のくじを同時に引く場合と、Bから2本のくじを同時に引く場合について、少なくとも1本が当たりくじとなる確率を比べてみよう。

Aから2本のくじを引く場合の数は、100個の相異なるものから2個を選びだす組合せの数となるから、それは、

$$\frac{100 \times 99}{2 \times 1} = 4950 \text{〔通り〕}$$

となる。なお上の分数で、分子の100×99は100個の相異なるものから2個を並べる順列の総数であり、分母の2×1は特定の2個を並べる順列の総数である。それら4950通りのうち、2本ともハズレとなる場合の数は、

$$\frac{90 \times 89}{2 \times 1} = 4005 \text{〔通り〕}$$

である。

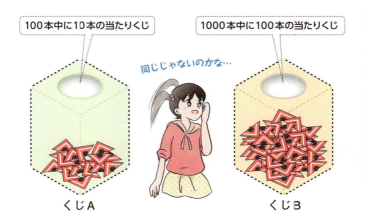

よって、少なくとも1本が当たりとなる場合の数は、

$$4950 - 4005 = 945 \text{ 〔通り〕}$$

である。したがって、Aから2本のくじを引くとき、少なくとも1本が当たりとなる確率は、

$$\frac{945}{4950} = \frac{21}{110} = 0.1909090 \cdots\cdots$$

である。

同様にして、Bから2本のくじを引く場合の数は、1000個の相異なるものから2個を選びだす組合せの数となるから、それは、

$$\frac{1000 \times 999}{2 \times 1} = 499500 \text{ 〔通り〕}$$

となる。それらのうち、2本ともハズレとなる場合の数は、

$$\frac{900 \times 899}{2 \times 1} = 404550 \text{ 〔通り〕}$$

である。よって、少なくとも1本が当たりとなる場合の数は、

$$499500 - 404550 = 94950 \text{ 〔通り〕}$$

である。したがって、Bから2本のくじを引くとき、少なくとも1本が当たりとなる確率は、

$$\frac{94950}{499500} = \frac{9495}{49950} = \frac{1899}{9990} = 0.1900900900 \cdots\cdots$$

となる。それゆえ、Aから2本のくじを引くほうがBから2本のくじを引くより、少なくとも1本が当たりとなる確率は大きいことがわかる。

次に、日常生活でもよく使われる**期待値**について、宝くじを例として簡単に説明しよう。「くじを1本引いたときの賞金の期待値」とは、「くじを1本引いたときの賞金の平均値」のことである。

たとえば、表1で示す宝くじがあったとする。

表1

	賞金	本数
1等	10,000円	1本
2等	2,000円	2本
3等	200円	3本
ハズレ	0円	4本

このとき、

$$\text{くじを1本引いたときの賞金の期待値} = \frac{10000 \times 1 + 2000 \times 2 + 200 \times 3}{10} = 1460 \text{ [円]}$$

となる。

いま、表1で示したくじが1本2000円で販売されているならば、

$$1460 \div 2000 = 0.73$$

であるので、期待値は販売額の73%になる。

現在、日本で行われている実際の宝くじについて調べると、期待値は販売額の40〜50%の間である。それでも多くの人たちが宝くじを購入するのは、1等の賞金額が高額だからであろう。

さて、宝くじは期待値の学びの定番である。それどころか一部では、期待値は宝くじのためにあるようにも認識されている。実際、期待値は幅広い分野で使われているだけに残念である。期待値は商品の最適な仕入れを模索するときにも使われることを、次の例で示そう。

例題 8 スーパーマーケットでの加工食品の仕入れを考えてみる。仮定として、仕入れ個数は20個単位で、売れたとき利益は1個につき400円、売れなかったときの損失は1個につき800円とし、お客の購入希望合計予測は次のとおりとする。

表2

購入希望合計数	151〜170個	171〜190個	191〜210個	211〜230個	231〜250個
その確率	5%	30%	40%	20%	5%

多少の問題は残るが、上の表を便宜上、次のように置き換えてみる。

表3

購入希望合計数	160個	180個	200個	220個	240個
その確率	5%	30%	40%	20%	5%

そして、表3をもとにして、160個、180個、200個、220個仕入れる場合についての利益の期待値をそれぞれ求める。なお、240個を仕入れることは明らかに不利なので、その場合につい

ては検討しなくてよいだろう。

(ⅰ) 160個仕入れる場合

$$400 \times 160 = 64000 〔円〕$$

(ⅱ) 180個仕入れる場合

$$\begin{aligned}&(ちょうど160個売れる場合の利益)\times 0.05\\&+(ちょうど180個売れる場合の利益)\times 0.95\\=&(400\times 160-800\times 20)\times 0.05+400\times 180\times 0.95\\=&70800 〔円〕\end{aligned}$$

(ⅲ) 200個仕入れる場合

  （ちょうど160個売れる場合の利益）× 0.05
  ＋（ちょうど180個売れる場合の利益）× 0.3
  ＋（ちょうど200個売れる場合の利益）× 0.65
 ＝ $(400 \times 160 - 800 \times 40) \times 0.05$
  ＋ $(400 \times 180 - 800 \times 20) \times 0.3 + 400 \times 200 \times 0.65$
 ＝ 70400〔円〕

(ⅳ) 220個仕入れる場合

  （ちょうど160個売れる場合の利益）× 0.05
  ＋（ちょうど180個売れる場合の利益）× 0.3
  ＋（ちょうど200個売れる場合の利益）× 0.4
  ＋（ちょうど220個売れる場合の利益）× 0.25
 ＝ $(400 \times 160 - 800 \times 60) \times 0.05$
  ＋ $(400 \times 180 - 800 \times 40) \times 0.3$
  ＋ $(400 \times 200 - 800 \times 20) \times 0.4 + 400 \times 220 \times 0.25$
 ＝ 60400〔円〕

以上から、180個仕入れるとよいことがわかる。

3

図形と三角比

3

三角比

　算数では、次のように図形の**拡大図**や**縮図**を学ぶ。対応する角の大きさは等しく、対応する辺の長さは、どれも等しく拡大したり、どれも等しく縮小したりして描くものである。

　図1において、(イ)は(ア)の3倍の拡大図になっていて、(ア)は(イ)の$\frac{1}{3}$の縮図になっている。

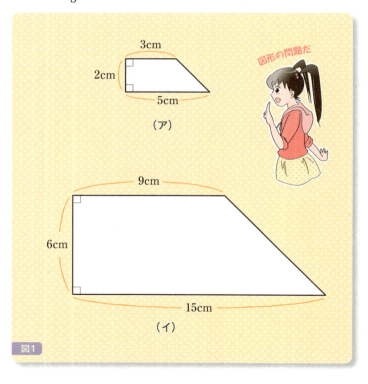

図1

図1の拡大図や縮図の考えは、以下のように中学校の数学で学ぶ相似の考えと本質的に同じである。1つの図形を、形を変えずに一定の割合に拡大、または縮小して得られる図形は、もとの図形と**相似**であるという。

なお本書では取り上げないが、相似の厳密な定義は上のようなものとは異なり、「相似の中心」という言葉を用いたものがある（拙著『新体系・中学数学の教科書（下）』講談社、ブルーバックス参照）。

さて、2つの三角形ABCと三角形DEFにおいて、頂点Aのところにできる角Aと頂点Dのところにできる角Dが等しく、頂点Bのところにできる角Bと頂点Eのところにできる角Eが等しいならば、それら2つの三角形は相似であることを中学数学では直観的に学ぶ（図2参照）。

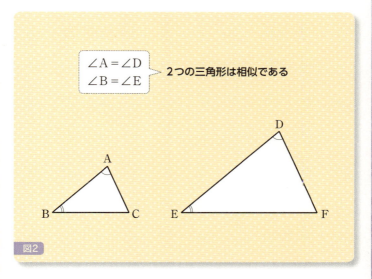

図2

図2の応用として高校数学では三角比を学ぶことになるが、直角三角形では直角以外の1つの角度 θ が決まると、それと相似な直角三角形はひととおりに定まる性質を用いている（図3参照）。

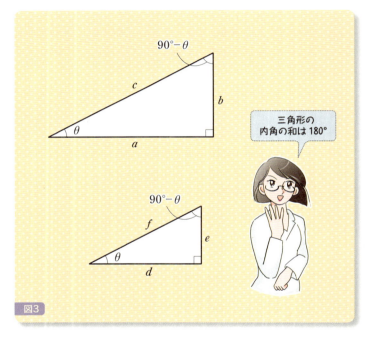

図3

図3において、

$$c : a : b = f : d : e$$

が成り立つので、角度 θ に対してそれぞれただ1つ定まる、次の3つの**三角比**を設けることができる。

$$\sin\theta = \frac{b}{c}、\cos\theta = \frac{a}{c}、\tan\theta = \frac{b}{a}$$

それらは順に**正弦**(サイン)、**余弦**(コサイン)、**正接**(タンジェント)という。

ここで大切なことを指摘したい。それは、「θ が30°、45°、60°のような特殊な角度でないと三角比は(近似値としても)わからない」「数表や高性能の電卓がないと三角比はわからない」というように思っている人たちが意外と多くいることである。

たとえば θ が23°のとき、次の直角三角形を白紙に大きく描き、a, b, c の長さを物差しで測って、正弦、余弦、正接の値をそれぞれ計算して求めればよい(図4参照)。定義に沿った素朴なこの方法は、かならず思いつきたいものである。

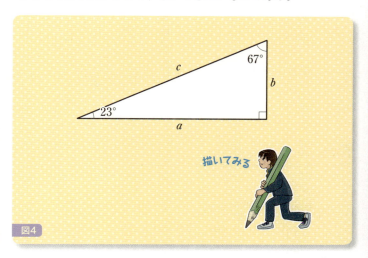

図4

余談であるが、高校数学では**三角関数**として、θ が0°より大きく90°より小さいという三角比の範囲を拡張して、1周360°

が繰り返す**周期**（正接は180°）となる任意の角度 θ に対して、正弦、余弦、正接を定める。それに対して、たとえば図5を見てもわかるように、

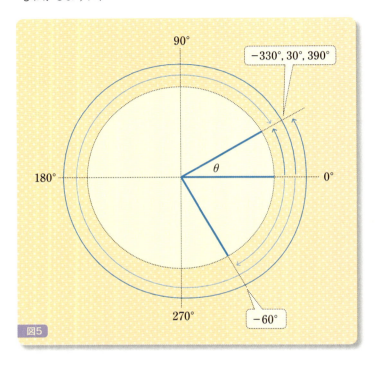

図5

$$\cdots = \sin(-690°) = \sin(-330°) = \sin 30° = \sin 390° = \cdots$$
$$\cdots = \cos(-690°) = \cos(-330°) = \cos 30° = \cos 390° = \cdots$$
$$\cdots = \tan(-690°) = \tan(-330°) = \tan 30° = \tan 390° = \cdots$$

であるから、「θ は0°から360°だけ考えれば用は足りるのではないか」と思う人たちが大多数である。

ところが、実は「フーリエ級数」というものによって、図6のような周期的な関数は角度の範囲を定めない三角関数 $\sin\theta$ や $\cos\theta$ を変形したものの和として表されるのである。この段階になって初めて、「算数では歯が立たない三角関数の意義が理解できる」といっても過言でないのである。

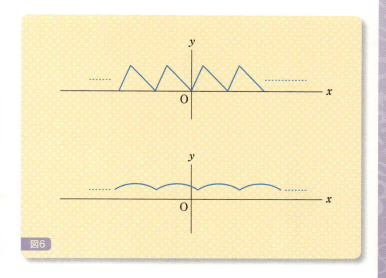

図6

θ が0°より大きく90°より小さい範囲の三角比ならば、逆に算数の範囲で理解した内容でなんとかなるといえるだろう。本節の最後に、三角比を応用した例を2つ挙げよう。

角ABC = 55°、AB = 5.5m、BC = 8m となる三角形ABCの土地の面積を求めてみよう（近似値）。

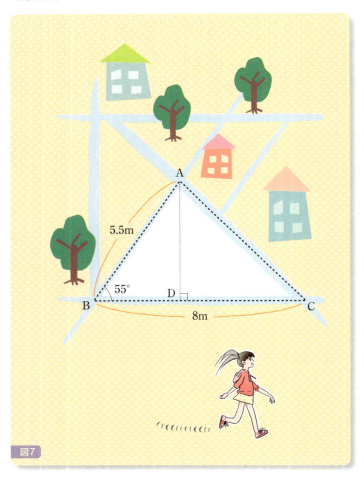

図7

まず、実際の土地を100分の1に縮小した図を紙に描いて考える（図7参照）。Aから辺BCに垂線を引き、それと辺BCとの交点をDとする。

AとDの間の長さADは、図7上で実際に物差しを用いて測ったものを100倍してもよいが、ここでは三角比を用いてADを求めてみよう。直角三角形ABDの角Bに注目して、

$$\sin 55° = \frac{AD}{AB}$$

となる。一方、数表により、

$$\sin 55° = 0.8192 \text{（近似値）}$$

である。したがって、

$$AD = AB \times 0.8192 = 5.5 \times 0.8192 ≒ 4.5 \text{ 〔m〕}$$

となる。それゆえ、

$$三角形ABCの面積 = BC \times AD \div 2$$
$$= 8 \times 4.5 \div 2 = 18 \text{ 〔m}^2\text{〕}$$

を得る。

例題 2 図8において、33°は目の位置にある水平面から木の先端を見上げた仰角である。三角比を用いて、木の高さを求めてみよう。

なお、地面から目の位置までの高さは160cm、人から木までの距離は500cmとする。

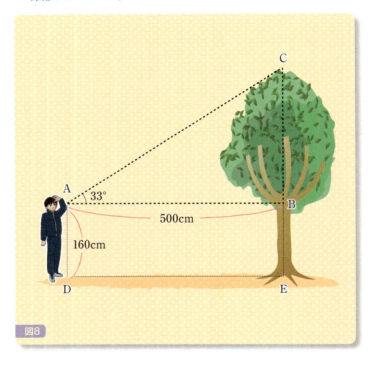

図8

直角三角形ABCの角Aに注目して、

$$\tan 33° = \frac{BC}{AB}$$

となる。

一方、数表により、

$$\tan 33° = 0.6494 \text{（近似値）}$$

である。したがって、

$$BC = 500 \times 0.6494 ≒ 325 \text{〔cm〕}$$

となる。それゆえ、

$$\text{木の高さ} CE = 160 + 325 = 485 \text{〔cm〕}$$

を得る。

面積と平方根

1辺が a〔cm〕の正方形の面積が a^2〔cm²〕であったり、半径が r〔cm〕の円の面積が $\pi \times r^2$〔cm²〕であったりするように、面積には2乗がつきものである。

逆に、面積が 2〔cm²〕の正方形の1辺の長さを求めたり、面積が $\pi \times 3$〔cm²〕の円の半径を求めたりするときは、それぞれ、

$$x^2 = 2 、y^2 = 3$$

となる x や y を求めることになる。

一般に、ある数 x を2乗(平方)すると a になるとき、この x を a の**平方根**という。すなわち、

$$x^2 = a$$

となる x が a の平方根である。たとえば、

$$5^2 = 25 、(-5)^2 = 25$$

であるから、$+5$ も -5 も 25 の平方根である。$+5$ と -5 をまとめて ± 5 と書くこともある。また、0 の平方根は 0 だけである。

一般に正の数 a に対し、a の正の平方根が存在するとき(実際はかならず存在!)、それを $\sqrt{a}$ で表すことにする。このとき、$-\sqrt{a}$ は a の負の平方根になる。それは、

$$(-\sqrt{a})^2 = (-1)^2(\sqrt{a})^2 = a$$

となるからである。

記号 $\sqrt{}$ は**根号**といい、それを「ルート」と呼ぶ。本書では根号記号を限定的に用いるが、本書の趣旨からして、近似値計算によっても回避できる部分に限定したい。

$$\sqrt{4}=2、\sqrt{100}=10、-\sqrt{0.16}=-0.4、\sqrt{0.0001}=0.01$$

であるが、

$$x^2=2、y^2=3$$

となる x や y は、**有理数**（分数として表せる数）ではないことが知られていて（拙著『新体系・中学数学の教科書（下）』参照）、それらは**無理数**と呼ばれる数になる。そこで本書では、上記の x や y などはなるべく近似値としての小数表示にしたい。そのような近似値は、以下のように素朴に探せばよいのである。

$$1.3^2=1.69、1.4^2=1.96、1.5^2=2.25$$
$$1.41^2=1.9881、1.42^2=2.0164$$
$$1.413^2=1.996569、1.414^2=1.999396、1.415^2=2.002225$$
……

上記のように計算すれば、電卓にある根号記号を使う必要はなく、またこのように素朴に計算する方法は、近似値の感覚を育む点で意味のあることだろう。ちなみに、$\sqrt{2}$ や $\sqrt{3}$ を意味する上の x や y はそれぞれ、

$$x=1.41421356\cdots、y=1.7320508\cdots$$

となる。

ここからは面積について述べよう。最初は**方眼法**について紹介する。

図1は、中央に池がある縮尺1/1000（1000分の1）の地図の上に、1辺1cmの正方形が数多くできるように、縦、横ともに1cm間隔の直線を何本も引いたものである。

図1

地図上の池は、16個の正方形A、B、C、……Pでおおわれている。各々の正方形がおおっている池の部分を、目分量によって0から1までの割合で示すと、およそ次のようになる。

A…0、　　B…0.1、　C…0.2、　D…0、

E…0.2、　F…0.9、　G…1、　　H…0.4、

I…0.2、　J…1、　　K…1、　　L…0.2、

M…0、　　N…0.3、　O…0.4、　P…0。

それら16個の値を合計すると5.9である。地図上の1cmの実際は10mなので、

$$池の面積 = 5.9 \times 10 \times 10 = 590 \ [m^2]$$

を得る。

このような方眼法は、概算としては意外と正確な数値が求まる実用的なものである。ただ、面積を求める方眼法を、体積を求める方眼法に拡張することは可能であるが、ふつう実用的とはいいにくいものになる。

面積でいちばん注目するのは、やはり円のそれであろう。まず、おおざっぱな説明法はいくつかあるが、次のものはよく知られている。

図2は、半径 r〔cm〕の円を中心角が30°の扇形12個に分け、それらを交互に上下を逆にして並べたものである。それを中心角が15°の扇形24個、中心角が7.5°の扇形48個、…と同様に行っていくと、下の図形は縦が r〔cm〕、横が $\pi \times r$〔cm〕の長方形に"かぎりなく"近づくので、円の面積 $\pi \times r^2$〔cm²〕が導かれるというものである。

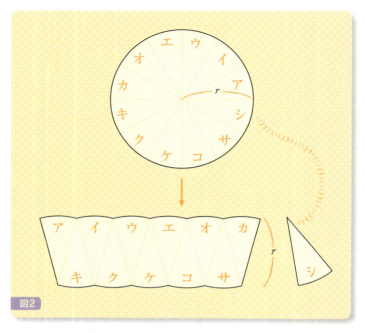

図2

　次に、おおざっぱなものではない説明法で高校数学で学ぶ積分を用いるものは、扇形（円）の面積公式を用いて円の面積を導く「循環論法」になっている。これではまずいので、ほかの説明法を探すと、紀元前のアルキメデスの発想を用いたものがある。

　この説明法では、大学数学のいわゆる $\varepsilon\text{-}\delta$ 論法のような議論を用いることになるので、とても本書では説明できない。それについては、拙著『無限と有限のあいだ』（PHPサイエンス・ワールド新書）で厳密にかつくわしく説明してあるので、参考にしていただければ幸いである。

立体図形に関して、球や円錐や角錐などの体積、あるいは球の表面積の公式は、積分を用いるとやさしく説明できることを指摘しておく。そこにおいては円の面積公式を使っているので、やはり本質は円の面積公式だといいたい。

底面積 S〔cm²〕、高さ h〔cm〕は円錐や角錐（図3）。

球

球の体積や表面積

半径 r〔cm〕

体積 $= \dfrac{1}{3} \times \pi \times r^3$〔cm³〕

表面積 $= 4 \times \pi \times r^2$〔cm²〕

円錐

円錐・角錐の体積

底面積 S〔m²〕、高さ h〔cm〕

体積 $= \dfrac{1}{3} \times S \times h$〔cm³〕

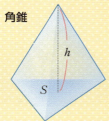

角錐

図3

最後に余談かもしれないが、数学教育者は知っているが数学者はあまり知らない**ピックの定理**という不思議なものを紹介しよう。

方眼紙上で、1cm間隔になっている縦の直線と、1cm間隔になっている横の直線の交点を**格子点**という。

いま方眼紙上に、いくつかの辺で囲まれた多角形があって、そのすべての頂点が格子点上にあるとする。そのとき、次のピック（1859〜1942年）の定理というものが成り立つ。ただし、aは多角形の境界より内側にある格子点の数で、bは多角形の境界上にある格子点の個数である。

多角形の面積 $= a + \dfrac{1}{2} \times b - 1$ 〔cm²〕

ちなみに、図4の5角形ABCDEにおいては、

$a = 14$、$b = 12$

なので、

5角形 ABCDE の面積
$= 14 + \dfrac{12}{2} - 1 = 19$ 〔cm²〕

となる。

ゲオルグ・アレクサンデル・ピック
Georg Alexander Pick

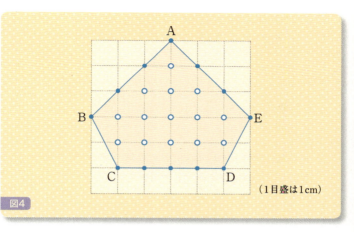

図4 (1目盛は1cm)

また、次の図5の面積もピックの定理を用いて求めてみよう。ただし、1目盛りは1cmとする。

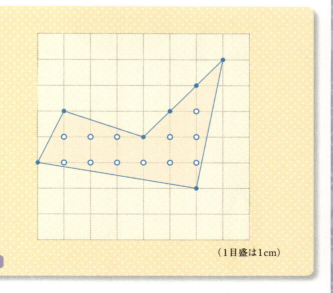

図5 (1目盛は1cm)

図5において、

$$a = 12、b = 7$$

なので、

$$面積 = 12 + \frac{7}{2} - 1 = 14.5 〔cm^2〕$$

となる。

　かつて東京理科大学理学研究科に在職していたころ、大学院ゼミ生がピックの定理を研究したことを懐かしく思う。

三平方の定理とその応用

　算数で学んだように、一辺が1 cmの正方形の面積は1 cm²で、平面図形はそれらが何個分あるかによって、その面積を定める。

　縦が2 cm、横が6 cmの長方形の面積は12 cm²であるので、もし1 cmを1とするとその長方形の面積は、

$$2 \times 6 = 12$$

となる。

　もし、2 cmを1とするとどのように展開するのであろうか。

　2 cmが1なので、6 cmは3である。そこで、その長方形の面積は、

$$1 \times 3 = 3$$

となる。ここで面積としての1は4 cm²のことである。このとき、1辺の長さが2 cmの正方形の面積は、

$$1 \times 1 = 1$$

となるのである。

　多くの人たちからすると、「単位を省略」という言葉から「cm²」を書かないことは理解できるとしても、面積が12 cm²の長方形の面積が3になったり、面積が4 cm²の正方形の面積が1になったりすることに関しては、少なからず違和感をもつ。だからこそ、どこかの段階で単位を省略する記述を学ばなくてはならないだろう。

もちろん、それは体積についても同様で、2cmを1とすると、1辺が2cmの立法体の体積は1である。ここで体積としての1は8cm³のことである。

　読者のなかには、1が4cm²だったり1が8cm³だったりしてよいものだろうか、という疑問の念を抱く方もいるだろう。それに対しては、算数で習った仕事算を思いだしていただきたい。仕事算では、「全体の仕事を1とすると……」という記述がかならずある。この1がいろいろな意味をもっていることを思いだしていただければ納得できるだろう。

　以上を踏まえて本書では、図形に関して単位を書かないことが多くなることをお許し願いたい。

　世の中には「定理」という名がつくものは非常に多くあるが、そのなかでもっとも応用されるものは**ピタゴラス（三平方）の定理**ではないだろうか。また、その証明法は100個以上もあることに留意したい。

　ここでこの定理を述べ、その証明をしよう。

これだ…

ピタゴラス（三平方）の定理

角C = 90°、BC = a、AC = b、AB = c を満たす直角三角形ABCにおいて、

$$a^2 + b^2 = c^2$$

$$a^2 + b^2 = c^2$$

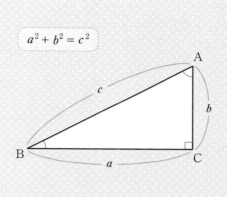

図1

まず、図1に示した直角三角形を4つ用意して、それらを図2のように1辺がcの正方形AEGBの周りに置く。

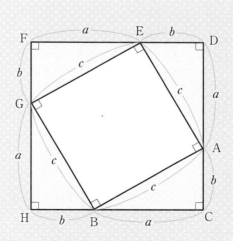

図2

いま、角ABCと角BACの和は90°であるから、角DAC、角FED、角FGH、角HBCはどれも180°（平角）になる。そこで、4つの点F、H、C、Dを（直線で）結ぶことによってできる四角形FHCDは、4つの点G、B、A、Eがそれぞれ辺FH、HC、CD、DF上にある1辺が$(a+b)$の正方形になる。

したがって、

> 正方形FHCDの面積 － 4×△ABCの面積
> ＝正方形AEGBの面積

であるから、

$$(a+b)^2 - 4 \times \frac{1}{2} \times a \times b = c^2$$

となる。そこで、

$$(a+b) \times (a+b) - 4 \times \frac{1}{2} \times a \times b = c^2$$
$$a \times (a+b) + b \times (a+b) - 4 \times \frac{1}{2} \times a \times b = c^2$$
$$a \times a + a \times b + b \times a + b \times b - 4 \times \frac{1}{2} \times a \times b = c^2$$
$$a \times a + 2 \times a \times b + b \times b - 4 \times \frac{1}{2} \times a \times b = c^2$$
$$a^2 + b^2 = c^2$$

が成り立つ。

すぐに思いつく三平方の定理の応用として、座標平面上の2点間の距離を求める問題がある。

たとえば図3のように、

$A(10, 6)$、$B(-2, 1)$、$C(10, 1)$

であるとき、AB間の距離を求めてみよう。

$$(AB間の距離)^2 = (BC間の距離)^2 + (AC間の距離)^2$$
$$(AB間の距離)^2 = 12^2 + 5^2 = 144 + 25 = 169 = 13^2$$
$$AB間の距離 = 13$$

を得る。

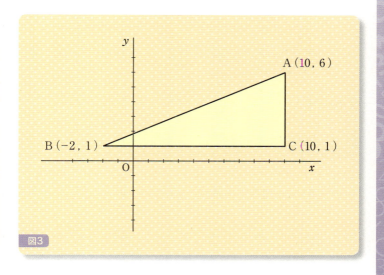

図3

以後、三平方の定理の実践的な応用例を2つ紹介しよう。それらにおいては根号記号 $\sqrt{}$ を用いるが、目標とする説明では、それを用いないでも近似値計算によって回避できる内容であることを注意しておく。

例題 1 図4のように、縦4cm、横1000cmの長方形に直径2cmの円を敷き詰めると、どの円もガタガタすることなくぴったり収まる。上段、下段にはそれぞれ500個の円が収まっているので、合計して1000個の円が収まっている。しかし、その長方形に1005個の円を重なることなく収めることも可能である。

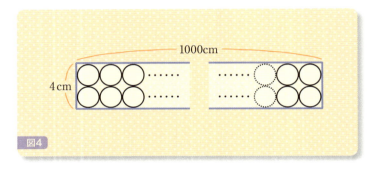

図4

図5のように円を敷き詰めることを考えてみる。図5では、円A、円B、円Cという3つの円と、円D、円E、円Fという3つの円を交互に繰り返しながら左から詰めて並べている。

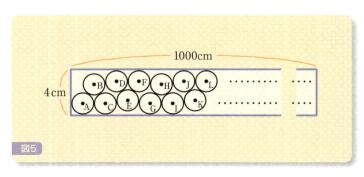

図5

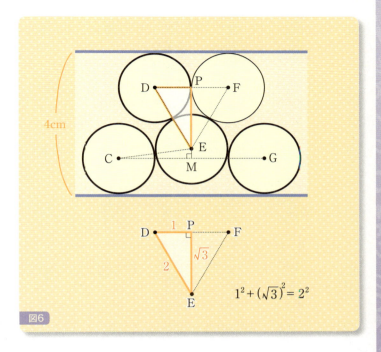

図6

　図6のように、点Eから線分CGに垂線を引き、その交点をMとする。また、辺DFの中点をPとする。三角形DEFは1辺の長さが2cmの正三角形なので、三平方の定理を三角形PDEに用いると、その高さ（辺PEの長さ）は$\sqrt{3}$cmであることがわかる（図6参照）。

　したがって、

$$\overline{ME} = 長方形の縦 - 円Dの半径 - \overline{PE} - 円Cの半径$$
$$\overline{ME} = 4 - 1 - \sqrt{3} - 1 = 2 - \sqrt{3} \text{ (cm)}$$

となる（$\overline{ME}$と$\overline{PE}$はそれぞれ辺MEと辺PEの長さ）。

CE＝2cmなので、三平方の定理を用いて、

$$\overline{CE}^2 = \overline{CM}^2 + \overline{ME}^2$$
$$\overline{CM}^2 = 4 - (2-\sqrt{3})^2$$
$$= 4 - \{2\times(2-\sqrt{3}) - \sqrt{3}\times(2-\sqrt{3})\}$$
$$= 4 - \{4 - 2\times\sqrt{3} - \sqrt{3}\times 2 + 3\} = 4\times\sqrt{3} - 3$$
$$\overline{CM} = \sqrt{(4\times\sqrt{3}-3)} \text{〔cm〕}$$

となる。よって、

$$\overline{AG} = \overline{AC} + \overline{CG} = 2 + 2\times\sqrt{(4\times\sqrt{3}-3)} \text{〔cm〕}$$

となる。上式右辺を具体的に計算すると、5.964cm以下になる。なお、この部分を導く計算においては、$\sqrt{3}$の近似値を用いればすむことに注意したい。

　以上を踏まえて、円A、円B、円C、円D、円E、円F、円G、円H、円I、円J、円K、円L…の順に左から敷き詰めていくとき、1003番目の円から1005番目の円がどのようになっているかを考えてみよう（図7参照）。

　円Aから円Fまでを1セットとして右に移動していくことを考えると、最初は、点Aは点Gに、点Bは点Hに、……、というように移る。この操作では、1回ごとに右に$\overline{AG}$ずつ移るのである。この操作を167回行ったとき、AとBとCが移った先をそれぞれX、Y、Zとする。

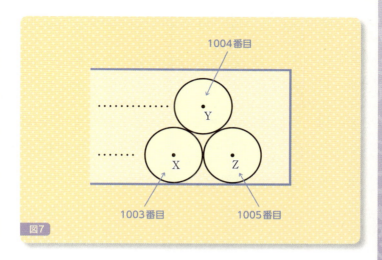

図7

$$167 \times 6 = 1002$$

なので、円X、円Y、円Zがそれぞれ1003番目、1004番目、1005番目の円となり、さらに

$$\overline{AX} = 167 \times \overline{AG} < 167 \times 5.964 = 995.988$$

となる。Aから長方形の左の辺までの距離が1cmなので、円Zは長方形の右に収まり、さらに円Zと長方形の右の辺との間にわずかなすき間もできる。

したがって、いま述べてきた方法で、1005個の円が長方形に収まることになる。

※ **例題1**で述べたことは、大きな箱に缶ジュースを詰めるときに参考になるだろう。

例題2の前に、円の接線は接点と中心を結ぶ半径に垂直であることの、やや直観的な説明をしておこう（図8参照）。

図8において、OPは半径、ℓは点Pで円Oに接する接線である。もしℓがOPと垂直ならば、OPに関してℓと対称な直線はℓ自身である。しかし、もしℓがOPと垂直でないとすると、OPに関してℓと対称な直線ℓ'はℓと異なり、ℓ'も円Oの接線となる。もちろん、OPに関して円Oと対称な図形は、円O自身である。ℓがOPと垂直でないならば、それらの図形を別々に描くと、図9の(ア)、(イ)になる。

円の接線は接点と中心を結ぶ半径に垂直です

図8

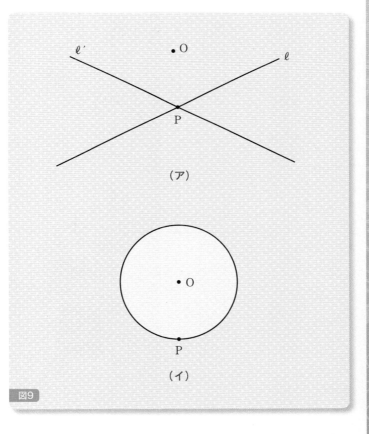

図9

　さて、図9(ア)における点P周辺のどんな拡大図をとっても、図形そのものは変わらない。一方、図9(イ)における点P周辺の円周の拡大図を、倍率をどんどん高めにとっていくと、図10の(ⅰ)、(ⅱ)、(ⅲ)…のように、かぎりなく直線に近づくことがわかる。

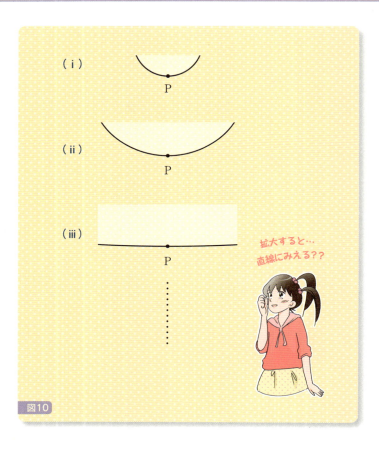

図10

　以上の観察から、点P周辺の拡大図を考えると、異なるℓとℓ'が両方とも点Pで円Oの接線になることは不可能であることがわかる。したがって、点Pにおける円Oの接線はOPと垂直でなければならない。

奈良県にある大峰山（1719m）は、古くから山伏の修行の場であると同時に、女人禁制の山としても知られている。大峰山からは伊勢湾越しに富士山（3776m）もかすかに見えるそうである。山頂同士は直線距離にして300km弱であるが、それが本当であることを確かめよう。

　まず、地球はおよそ半径6400kmの球体をしている。そこで図11において、富士山Aは地上 h kmの地点、BはAから見渡せるもっとも遠い地上の点、Oは地球の中心、円Oは三角形ABOを含む平面上の円として、以下を考えてみる。

　図11において、三角形ABOは角ABOが直角の直角三角形である。そこでピタゴラス（三平方）の定理を用いると、

$$\overline{AB}^2 + \overline{BO}^2 = \overline{AO}^2 \quad \cdots\cdots ①$$

という式が成り立つ。

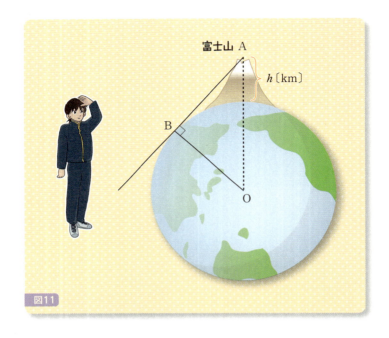

図11

①式に、

$$\overline{BO} = 6400 \text{ km}$$
$$\overline{AO} = (6400 + h)^2 \text{ km}$$

を代入すると、

$$\overline{AB}^2 = (6400 + h)^2 - 6400^2$$

を得る。

ここで、たとえば富士山の高さ3776mより少し低い、

$$h = 3.7 \text{ (km)}$$

の場合を考えると、

$$\overline{AB}^2 = (6400+3.7)^2 - 6400^2 > 41007373 - 40960000 = 47373$$

$$\overline{AB} > 217 \text{ (km)}$$

となる。これは、富士山頂から217kmの距離までの地点は見渡せることを意味している。

同様に計算して、大峰山の高さ1719mより低い、

$$h = 1.7 \text{ (km)}$$

の場合を考えると、

$$\overline{AB} = 147 \text{ (km)}$$

となる。これは、大峰山頂から147kmの距離までの地点は見渡せることを意味している。

以上から、

$$\text{山頂同士の距離} < 300 \text{ (km)} < 217 \text{ (km)} + 147 \text{ (km)} = 364 \text{ (km)}$$

が成り立つ。これは図12より、大峰山頂から富士山頂が見えることを示しているのである。

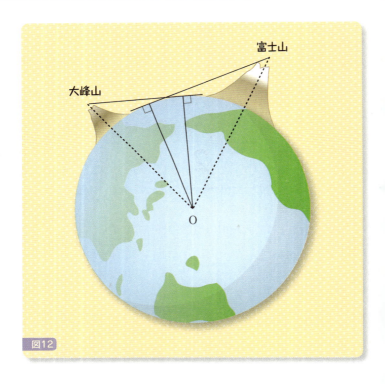

図12

　かつて私は同様な方法によって、富士山頂あるいは東京スカイツリーからの視界を何冊かの拙著に書いたことを思いだす。それらよりおもしろい生きた題材をいろいろ考えた結果、**例題2**にたどり着いたのである。「これだ！」と思う題材を見つけたときは、いつまでたってもうれしいものである。

4

2次関数と領域

2次関数

y が x の **1次関数** であるとは、$a \neq 0$, b を定数として、

$$y = a \times x + b$$

と表せるときにいう。

また、y が x の **2次関数** であるとは、$a \neq 0$, b, c を定数として、

$$y = a \times x^2 + b \times x + c$$

と表せるときにいう。

座標平面上で、それらの関数をグラフとして表す素朴な方法については、すでに第1章で学んだとおりである。本節では2次関数について、もう少し深く学ぶことにするが、もちろん算数の立場からである。

まず、2次関数の基本である $y = x^2$ を考えると、

$$(-x)^2 = x^2$$

であることに注目すれば、$y = x^2$ のグラフは y 軸に関して左右対称であることがわかる。実際、

$$(-1, 1)、(1, 1)、(-2, 4)、(2, 4)、(-3, 9)、(3, 9)、\cdots\cdots$$

を通ることからも確かめられる。また、明らかに原点 $(0, 0)$ は通る。

以上を参考にして2次関数 $y = x^2$ のグラフを描くと、図1を得る。

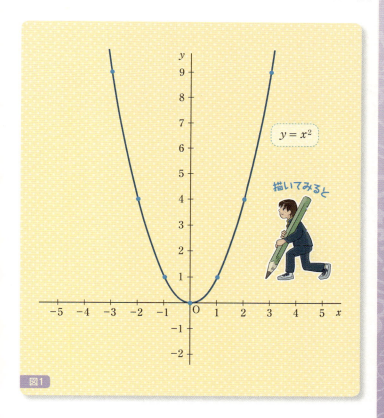

図1

　2次関数 $y = x^2$ のグラフをもとにして考えれば、2次関数 $y = 2 \times x^2$、$y = \frac{1}{2} \times x^2$ のグラフは、y 座標がそれぞれ2倍、$\frac{1}{2}$ 倍になっているので、図2のように表される。

　また、$y = -2 \times x^2$、$y = -\frac{1}{2} \times x^2$ のグラフは、それぞれ $y = 2 \times x^2$、$y = \frac{1}{2} \times x^2$ のグラフの y 座標に -1 を掛けたものになるから、それらのグラフは図2のグラフを x 軸に関して対称の位置にとった図3になる。

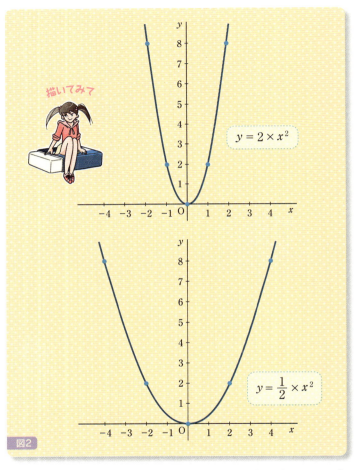

図2

そして図2、3を参考にすれば、一般的な2次関数 $y = a \times x^2$ のグラフは容易にわかるだろう（$a \neq 0$）。

さらに2次関数 $y = a \times x^2 + b$ のグラフは、2次関数 $y = a \times x^2$ のグラフをy軸に沿ってbだけ上下に動かしたものになる。

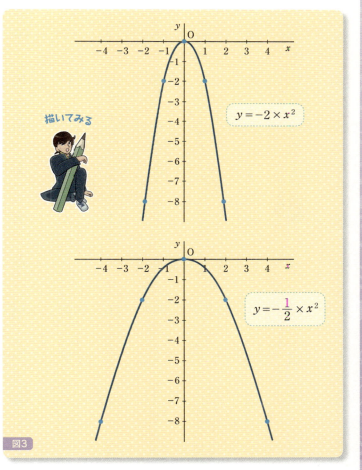

図3

実際、2次関数、

$$y = -\frac{1}{2} \times x^2 + 1, \quad y = \frac{1}{2} \times x^2 - 2$$

のグラフを描くと、図4を得る。

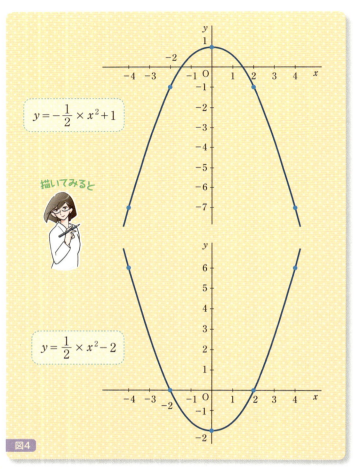

図4

これから、2次関数、

$$y = a \times x^2 + b \times x + c$$

のグラフについて考える。

まず $+c$ の部分は、2次関数 $y = a \times x^2 + b \times x$ のグラフを y 軸に沿って c だけ上下に動かしたものになるので、省略しよう。

$$a \times x^2 + b \times x = a \times (x^2 + \frac{b}{a} \times x)$$

であるので、$d = \frac{b}{a}$ とおけば、

$$y = x^2 + d \times x$$

のグラフを考えることが、ここでの本質的な問題となる。

すぐに思いつくことは、

$$x^2 + d \times x = x \times (x + d)$$

であるので、
2次関数 $y = x^2 + d \times x$ は2点、

$$(0, 0)、(-d, 0)$$

を通ることがわかる。

そして $d = 2$ としてのグラフ、すなわち、

$$y = x^2 + 2 \times x = x \times (x + 2)$$

のグラフを、具体的に点をとって描いてみよう。

$$(-4, 8)、(-3, 3)、(-2, 0)、(-1, -1)、$$
$$(0, 0)、(1, 3)、(2, 8)$$

を通るので、図5における7つの点を通ることがわかる。

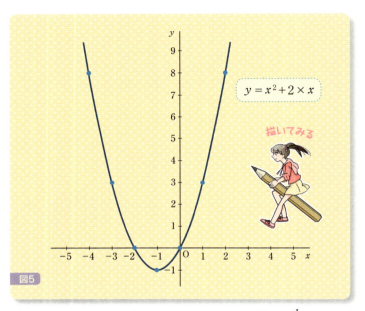

図5

　図5を見て気づくことは、0と$-d$の半分である$-\dfrac{d}{2}$をxがとる状況を境にして、2次関数$y = x \times (x+d)$は左右対称になっていることである。

　実際、

$$x \times (x+d) = \left\{\left(x+\dfrac{d}{2}\right) - \dfrac{d}{2}\right\} \times \left\{\left(x+\dfrac{d}{2}\right) + \dfrac{d}{2}\right\}$$

$$= \left(x+\dfrac{d}{2}\right)^2 + \left(x+\dfrac{d}{2}\right) \times \dfrac{d}{2} - \dfrac{d}{2} \times \left(x+\dfrac{d}{2}\right) - \left(\dfrac{d}{2}\right)^2$$

$$= \left(x+\dfrac{d}{2}\right)^2 - \left(\dfrac{d}{2}\right)^2 \qquad \cdots\cdots (*)$$

となるので、2次関数 $y = x \times (x+d)$ は、

$$x = -\frac{d}{2} + e \quad \text{および} \quad x = -\frac{d}{2} - e \quad (e = 定数)$$

のとき、同じ値 $e^2 - \left(\frac{d}{2}\right)^2$ をとることがわかる。これは、

$$X = x + \frac{d}{2}$$

とおくとき、

$$y = X^2 - \left(\frac{d}{2}\right)^2$$

となることを意味しているので、結局、2次関数 $y = x^2$ にたどり着く。なお X は、x を $\frac{d}{2}$ だけずらしたものであることに注意する。

以上をまとめると、2次関数 $y = a \times x^2 + b \times x + c$ のグラフは、2次関数 $y = x^2$ のグラフを派生させたものであり、上下をひっくり返したり左右に移動させることがあっても、どれも $y = x^2$ が描く**放物線**という形をしていることがわかった。

また、図5の放物線における点 $(-1, -1)$ を放物線の**頂点**というが、頂点は2次関数の最大値あるいは最小値を表している点である。

なお、どんな数も2乗すると0以上になるので、(*)において、

$$\left(x + \frac{d}{2}\right)^2 \geq 0$$

に注意する。

2次関数 $y = x^2 - 2 \times x$ のグラフを考えてみよう。

まず、

$$y = x \times (x - 2)$$

であるから、2点 $(0, 0)$、$(2, 0)$ を通る。

また $(*)$ を参考にすると、

$$y = (x - 1)^2 - 1$$

となるので、与関数は $x = 1$ のとき最小値 -1 をとる。以上から、このグラフは図6となる。

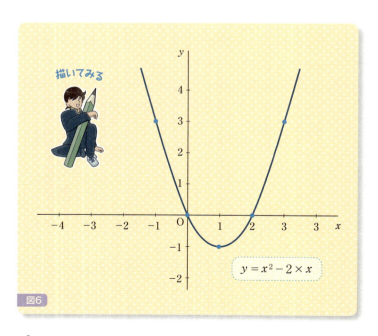

図6

例題 2 2次関数 $y = -\frac{1}{2} \times x^2 + x + \frac{3}{2}$ のグラフを考えてみよう。

明らかに、点 $\left(0, \frac{3}{2}\right)$ を通る。また (*) を参考にすると、

$$y = -\frac{1}{2} \times (x^2 - 2 \times x) + \frac{3}{2}$$
$$= -\frac{1}{2} \times \{(x-1)^2 - 1\} + \frac{3}{2}$$
$$= -\frac{1}{2} \times (x-1)^2 + \frac{1}{2} + \frac{3}{2}$$
$$= -\frac{1}{2} \times (x-1)^2 + 2$$

となるので、与関数は $x = 1$ のとき最大値2をとる。以上から、このグラフは図7となる。

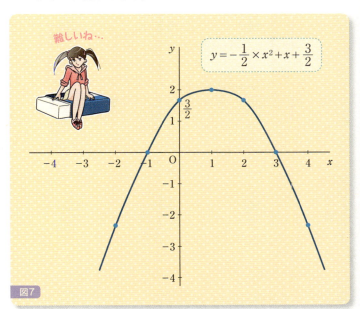

図7

例題 3 十分に長い直線状の境界線の向こう側では野菜を栽培している。その反対側に、図8のように長さ12mのロープで囲った花壇をつくりたい（$\overline{AB}$と$\overline{BC}$と$\overline{CD}$の合計が12m）。このようにロープは境界線上に置くことなく花壇を長方形にするとき、長方形の面積は最大で何m²になるかを求めよう。

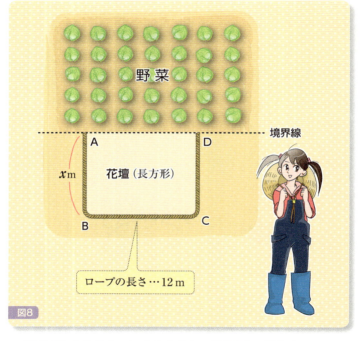

図8

線分ABの長さをx（m）とすると、線分BCの長さは$12-2\times x$（m）となる。そこで、長方形ABCDの面積yは

$$y = x \times (12 - 2 \times x)$$

となり、この最大値を求めればよい。

（＊）を参考にすると、

$$y = -2 \times x^2 + 12 \times x$$
$$= -2 \times (x^2 - 6 \times x)$$
$$= -2 \times \{(x-3)^2 - 9\}$$
$$= -2 \times (x-3)^2 + 18$$

と表されるので、$x = 3$ のとき y は最大値18をとる。したがって、面積の最大値は $18 \mathrm{m}^2$ である。

ここからは、$a \neq 0$, b, c を定数とする x の2次方程式、

$$a \times x^2 + b \times x + c = 0$$

を考えよう。

多くの読者の方々はご存じかもしれないが、2次方程式に関しては有名な**2次方程式の解の公式（根の公式）**というものがある。

中学や高校の数学教科書や参考書にはかならず載っているその証明は、本書では省略して結果だけ次に示しておく。なお、±とは＋と－の両方を意味している。

ここネ…

根の公式　　$x = \dfrac{-b \pm \sqrt{b^2 - 4 \times a \times c}}{2 \times a}$

本書で2次方程式の解をどのように考えるかを述べると、以下のように解の近似値を求める立場なのである。それは、

$$a \times x^2 + b \times x + c = 0$$

を解くことは、

$$a \times x^2 = -b \times x - c$$

を解くことと同じで、それゆえ、

$$x^2 = -\frac{b}{a} \times x - \frac{c}{a} \qquad \cdots\cdots (☆)$$

を解くことと同じである。

　したがって、その解は以下述べるように2つのグラフの交点のx座標である。読者のみなさまのなかには、「2次方程式の解の公式で正確に解けるものを、わざわざ近似値しかならない解を求める意義はあるのか」と思う方もいるだろう。これに対する答えを述べたあとで、(☆)の解の近似値を考えてみよう。

　そもそもアーベルが最初に証明し、その後ガロアがガロア理論で深く説明した「5次以上の方程式は一般的には解けない」

ニールス・ヘンリック・アーベル
Niels Henrik Abel

エヴァリスト・ガロア
Évariste Galois

という結果から、5次以上の方程式には2次方程式のような「解の公式」はないのである。したがって、1、2、3、4、5が解となる方程式、

$$(x-1) \times (x-2) \times (x-3) \times (x-4) \times (x-5) = 0$$

のような特殊なものを除くと、5次以上の方程式はしょせん近似値しか求められない。

もちろん現在では、数式処理の分野が発達して計算機を使えば精度の高い近似値はすぐに求まるが、それらにおいても「最初は素朴に近似値を探す」という当然のことから始めている。その部分がいまの日本の初等・中等教育ではカットされているからこそ、本書ではそのような点を強調して述べているのである。

(☆)の解の近似値は、2つのグラフ、

$$y = x^2 \qquad \cdots\cdots ①$$
$$y = -\frac{b}{a} \times x - \frac{c}{a} \qquad \cdots\cdots ②$$

の交点のx座標である（ここでは数直線に対応する実数の範囲で考えている）。

まず考えられる場合は、図9に示した3つである。

すなわち、交点が2つ、接点が1つ、交点も接点もない、以上の3つである。

接点が1つの場合は、特殊中の特殊な場合なので除いて考えよう。もちろん、交点も接点もない場合も除いて考える。以下、**例題4**によって考えるが、$b=0$の場合は、扱い方は同様にわかるだろう。

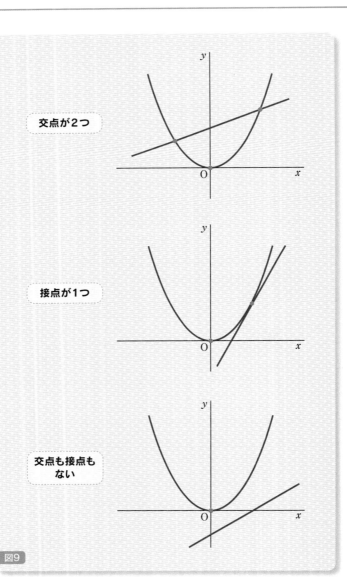

図9

例題 4 方程式 $x^2 - x - 3 = 0$ を考える。

まず図10に示した2つのグラフ、

$$y = x^2 \ \cdots\cdots ③、\quad y = x + 3 \ \cdots\cdots ④$$

の概略を描く。そして、交点A、Bのx座標の近似値を求めることになる。

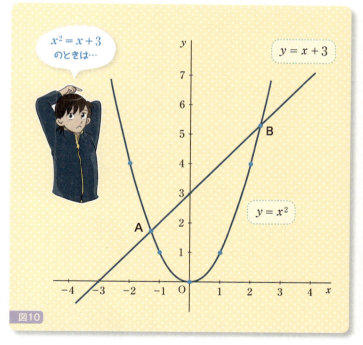

図10

$x = -2$ のとき、③では $y = 4$、④では $y = 1$。

したがって、点Aのx座標は-2よりもっと大きい数になる（図10参照）。

$x=-1$のとき、③では$y=1$、④では$y=2$。
したがって、点Aのx座標は-1よりもっと小さい数になる。
　$x=-1.2$のとき、③では$y=1.44$、④では$y=1.8$。
したがって、点Aのx座標は-1.2よりもっと小さい数になる。
　$x=-1.3$のとき、③では$y=1.69$、④では$y=1.7$。
　1.69と1.7はほぼ等しいので、Aのx座標の近似値として-1.3が見つかったことになる。
　$x=2$のとき、③では$y=4$、④では$y=5$。
したがって、点Bのx座標は2よりもっと大きい数になる（図10参照）。
　$x=3$のとき、③では$y=9$、④では$y=6$。
したがって、点Bのx座標は3よりもっと小さい数になる。
　$x=2.4$のとき、③では$y=5.76$、④では$y=5.4$。
したがって、点Aのx座標は2.4よりもっと小さい数になる。
　$x=2.3$のとき、③では$y=5.29$、④では$y=5.3$。
　5.29と5.3はほぼ等しいので、点Bのx座標の近似値として2.3が見つかったことになる。

　以上から-1.3と2.3が、方程式$x^2-x-3=0$の近似解となる。

● 第4章 2次関数と領域

2次関数のグラフは放物線といわれるが、それに関する次の**例題5**を考えてみよう。

例題 5 物体を初速度が秒速 v (m) で真上に投げるとき、t 秒後に物体は初めの位置から約 $h = v \times t - 5 \times t^2$ (m) の高さにあることが知られている。もし初速度が秒速 20 (m)、すなわち時速 $0.02 \times 60 \times 60 = 72$ (km) のとき、物体が初めの位置から高さ 15 (m) となるのは何秒後であるかを考えると、次の2次方程式を解くことになる。

$$15 = 20 \times t - 5 \times t^2$$

そこで両辺を5で割って移項すると、2次方程式

$$t^2 - 4 \times t + 3 = 0$$

を解けばよいのである。このとき、

$$(t-3) \times (t-1) = t^2 - t - 3 \times t + 3$$
$$= t^2 - 4 \times t + 3$$

であるから、

$$(t-3) \times (t-1) = 0$$

を解けばよいことになって、

$$t = 1、3$$

したがって、解は1秒後と3秒後になる。

領域

最初に、座標平面上の点が、上に動くとy座標は大きくなり、下に動くとy座標は小さくなり、右に動くとx座標は大きくなり、左に動くとx座標は小さくなることに注意する。

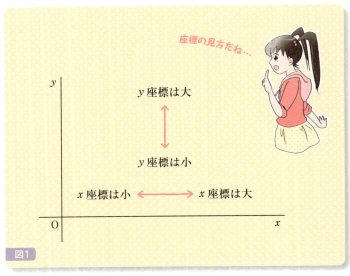

図1

上の注意を参考にして、具体的な**領域**をいろいろ考えてみよう。

図2において、**(ア)** と **(イ)** の直線はどちらも $y = -2 \times x + 8$ である。そして、

$y > -2 \times x + 8$ ……**(ア)**

$y < -2 \times x + 8$ ……**(イ)**

の領域をそれぞれ斜線で描くと、図2のようになる。ただし境界は含まない。

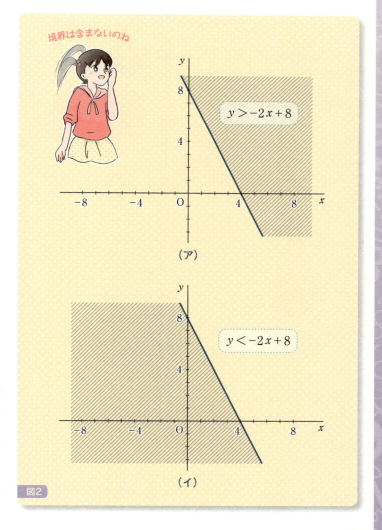

図2

次に、

$$y > 0 \quad \cdots\cdots(ウ)$$
$$x > 0 \quad \cdots\cdots(エ)$$

の領域をそれぞれ斜線で描くと、図3のようになる。ただし境界は含まない。

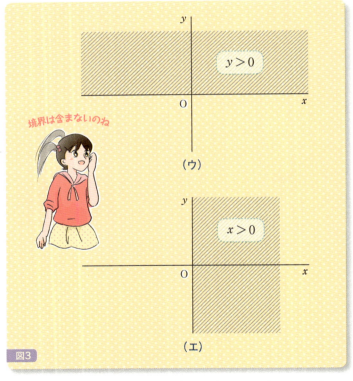

図3

次に図4において、(オ)と(カ)の曲線はどちらも $y = -x^2 + 4$ である。

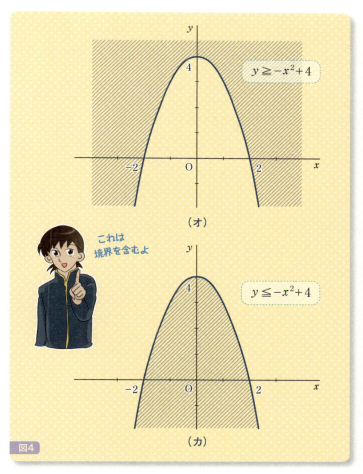

図4

そして、

$$y \geqq -x^2+4 \quad \cdots\cdots (オ)$$
$$y \leqq -x^2+4 \quad \cdots\cdots (カ)$$

の領域をそれぞれ斜線で描くと、図4のようになる。ただし境界は含む。

次に2つの1次関数、

$$y = \frac{1}{2} \times x + 2, \quad y = -2 \times x + 7$$

が表すグラフは図5の2本の直線になる。

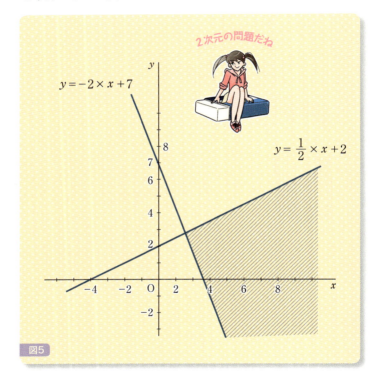

図5

図5の斜線の部分は、どのように表現すればよいかを考えてみよう。ただし境界は含まないとする。

図5の斜線部分は、直線 $y = \frac{1}{2} \times x + 2$ の下側であり、直線 $y = -2 \times x + 7$ の上側である。したがって斜線部分は、下記不等式の共通部分となる。

$$y < \frac{1}{2} \times x + 2、\quad y > -2 \times x + 7$$

さて、「与えられた材料でつくれる製品の合計を考えるとき、売上金額が最大になるようにつくるには、どのように組み合わせればよいか」、「各種の野菜を購入するとき、各種ビタミン類の必要な量をすべて含み、かつ買い物代金を最小にするにはどのように組み合わせればよいか」という経営的な問題はよく考えるだろう。

このような問題の基礎となる2次元の問題は、
「与えられた領域の範囲で x と y が動くとき、1次式 $a \times x + b \times y$ の値が最大、あるいは最小となる x と y を求めよ」
ということになる。

以下、2つの例を用いて、このような問題に対する考え方を学ぼう。

例題 1 図6で示した領域の範囲で x と y が動くとき、$x+y$ が最大となる x と y を求めよう。なお境界はすべて領域に含むものとする。

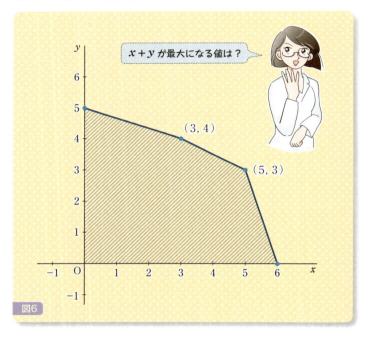

図6

まず、k を定数として、

$$x+y=k$$

すなわち、

$$y=-x+k \qquad \cdots\cdots(*)$$

という1次関数を座標平面上で考えてみる。

この関数が表す直線上のどんな点 (u, v) をとっても、

$$u + v = k \quad \cdots\cdots (一定)$$

ということである。

参考までに、具体的に $k = 1$、2、3 について（*）のグラフを描いてみると、図7のようになる。

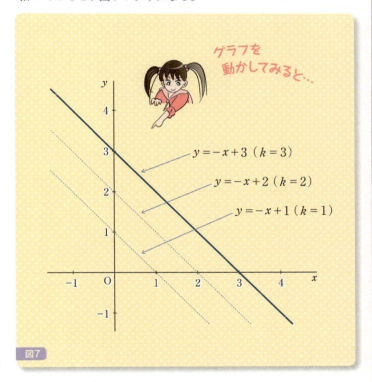

図7

そこで、k の値をいろいろ動かしながら（*）のグラフを図6に重ね合わせることを考えると、**図8**の状態のとき、k は最大値をとることになる。なお、本節の最後に説明する**直線の傾き**も参考にしていただきたい。

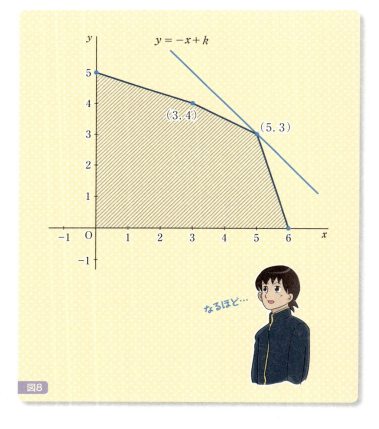

図8

以上から、$x = 5$、$y = 3$ のとき、$x + y$ は最大となる。

例題 2　図9で示した領域の範囲でxとyが動くとき、$x+2\times y$が最小となるxとyを求めよう。なお境界はすべて領域に含むものとする。

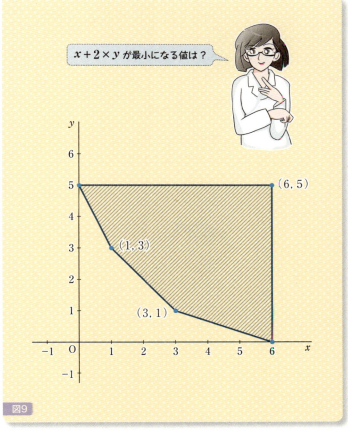

図9

まず、kを定数として、

$$x + 2 \times y = k$$

すなわち、

$$y = -\frac{1}{2} \times x + \frac{1}{2} \times k \qquad \cdots\cdots (☆)$$

という1次関数を座標平面上で考えてみる。この関数が表す直線上のどんな点 (u, v) をとっても、

$$u + 2 \times v = k \qquad \cdots\cdots (一定)$$

ということである。参考までに、具体的に $k = 2、4、6$ について (☆) のグラフを描いてみると、図10のようになる。

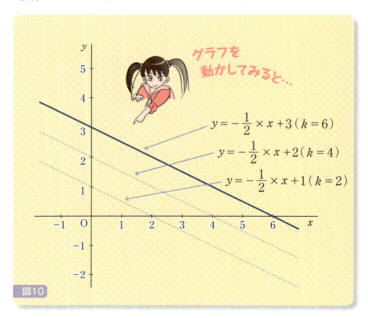

図10

そこで、k の値をいろいろ動かしながら (☆) のグラフを図9 に重ね合わせることを考えると、図11の状態のとき $\frac{1}{2} \times k$ は、すなわち k は最小値をとることになる。なお、本節の最後に説明する直線の傾きも参考にしていただきたい。

図11

以上から、$x = 3$、$y = 1$ のとき、$x + 2 \times y$ は最小となる。

最後に、**直線の傾き**について説明しておこう。

y が x の1次関数、

$$y = a \times x + b \quad \cdots\cdots(\bigstar)$$

であるとき、これは座標平面上で直線のグラフになるが、b を直線の **y 切片** といい、a を直線の **傾き** という。

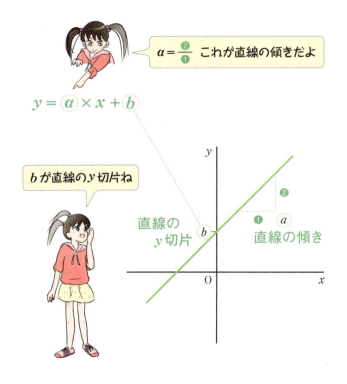

これは図12のように、(★)が示す直線のグラフは点$(0, b)$を通り、またxが1増えるとyはa増えることを意味している。

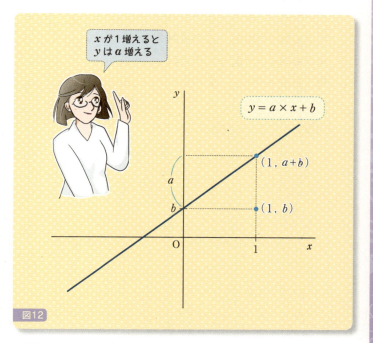

図12

例題1、2における

$$y = -x + k \qquad \cdots\cdots (*)$$

$$y = -\frac{1}{2} \times x + \frac{1}{2} \times k \qquad \cdots\cdots (☆)$$

で復習すると、(*)が示す直線の傾きは-1、(☆)が示す直線の傾きは$-\frac{1}{2}$である。

原点を通り、傾き $\dfrac{1}{2}$ の直線 ……①

原点を通り、傾き 1 の直線 ……②

原点を通り、傾き 2 の直線 ……③

原点を通り、傾き $-\dfrac{1}{2}$ の直線 ……④

原点を通り、傾き -1 の直線 ……⑤

原点を通り、傾き -2 の直線 ……⑥

それぞれのグラフを最後に描いておこう。

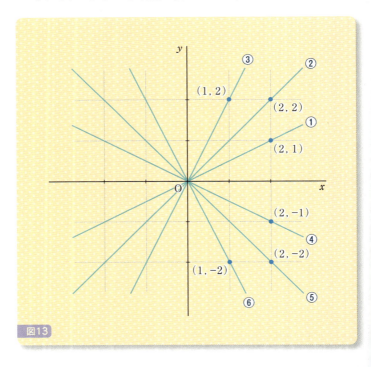

図13

5

算数で理解する微分積分の意味

極限における「かぎりなく」という言葉

　言葉の定義を曖昧にして議論を進めると思わぬ誤解が生じることは、どの世界にもあることだろう。**極限**の概念は微分積分の基礎であるが、(検定)高校数学教科書の極限の説明では、「かぎりなく大きくなる」、「かぎりなく近づく」という無定義の言葉がたびたび登場する。

　数列とは、字のごとく数の列である。まず、(無限に続く)以下の数例を考えてみよう。

(ア) 1、1、2、1、3、1、4、1、5、1、6、1、7、1、8、1、9、……

(イ) 1、1、2、3、1、4、5、6、1、7、8、9、10、1、11、12、13、14、15、1、16、17、18、19、20、21、1、……

(ウ) 1、10、2、100、3、1000、4、10000、5、100000、6、1000000、7、10000000、……

　上の3つの数列は、どれも「かぎりなく大きくなる」という言葉があてはまるものだろうか。そのあたりの説明が(検定)高校数学教科書では曖昧なのである。結論から述べると、**(ウ)**だけが「かぎりなく大きくなる」という言葉があてはまるのである。

　それについては、以下のような見方をする。どんなに大きな数字Mをとっても、「**(ウ)**の数列内の(前から)n番目以降は全部Mを超える」という(Mに依存してかまわない)nがある。たとえばMを100とすると、**(ウ)**の数列の(前から)199番目の数

が100、200番目の数が1の後に0が100個並ぶ数、201番目の数が101であるので、nを200とすればよい。またMを1000とすると、（ウ）の数列の（前から）1999番目の数が1000、2000番目の数が1の後に0が1000個並ぶ数、2001番目の数が1001であるので、nを2000とすればよい。

しかし（ア）と（イ）の数列に関しては、列のどんなあとになっても、1という数がかならず現れてしまう。

したがって（ア）と（イ）については、
（ウ）のように次の**性質（*）**はいえない。

ここネ…

> **性質（*）**：どんなに大きな数字Mをとっても、「数列内の（前から）n番目以降は全部Mを超える」という（Mに依存してかまわない）nがある。

やや過激な表現かもしれないが、数列を攻撃側として、Mを防御側のラインとした「たとえ話」として説明すると以下のようになる。

ここだネ…

> Mという防衛ラインをどこに設けても、
> 攻撃側の数列は、数列内のある数以降は全員その防衛ラインを超えて進行する。

そのような**性質（*）**を満たす数列は、**かぎりなく大きくなる**あるいは専門的な表現として**正の無限大に発散する**というのである。

また、**性質(*)**を満たす数列の各数に-1を掛けたような数列、すなわち**性質(*)**を満たす数列の正と負をひっくり返したような数列は、**負の無限大に発散する**という。たとえば、次の2つの数列は負の無限大に発散するのである。

5、4、3、2、1、0、-1、-2、-3、-4、-5、……

-1、-10、-100、-1000、-10000、-100000、-1000000、……

　次に（無限に続く）以下の数例を考えてみよう。

(エ) 0.9、1.1、0.99、1.1、0.999、
　　　　　1.1、0.9999、1.1、0.99999、1.1、……

(オ) 0.9、1.1、0.99、0.999、1.1、0.9999、0.99999、
　　　　0.999999、1.1、0.9999999、0.99999999、
　　　　0.999999999、0.9999999999、1.1、……

(カ) 0.9、1.01、0.99、0.999、1.001、0.9999、
　　　0.99999、0.999999、1.0001、0.9999999、
　　　0.99999999、0.999999999、0.9999999999、
　　　　　　　　　0.99999999999、1.00001、……

　上の3つの数列は、どれも「かぎりなく1に近づく」という言葉があてはまるものだろうか。そのあたりの説明が（検定）高校数学教科書では曖昧なのである。結論から述べると、**(カ)**だけが「かぎりなく1に近づく」という言葉があてはまるのである。

　それについては、以下のような見方をする。どんなに小さい正の数 ε をとっても、「**(カ)**の数列内の（前から）n 番目以降は全部、$1-\varepsilon$ より大きく $1+\varepsilon$ より小さい範囲に入る」という

（εに依存してかまわない）n がある。たとえば ε を0.005とすると、**(カ)** の数列の（前から）4番目の数が0.999、5番目の数が1.001であるので、n を4とすればよい。また ε を0.0005とすると、**(カ)** の数列の（前から）6、7、8番目の数がそれぞれ0.9999, 0.99999, 0.999999、9番目の数が1.0001であるので、n を6とすればよい。

しかし **(エ)** と **(オ)** の数列に関しては、列のどんなあとになっても、1.1という数がかならず現れてしまう。

したがって、**(エ)** と **(オ)** については、**(カ)** のように、次の**性質(**)** はいえない。

ここネ…

> **性質(**)**：どんなに小さい正の数 ε をとっても、「数列内の（前から）n 番目以降は全部、$1-ε$ より大きく $1+ε$ より小さい範囲に入る」という（εに依存してかまわない）n がある。

やや過激な表現かもしれないが、数列を攻撃側として、Mを防御側のラインとした「たとえ話」として説明すると以下のようになる。

ここだネ…

> 1の前後に ε という狭い正の幅の防衛範囲をどのように設けても、攻撃側の数列は、数列内のある数以降は全員その防衛範囲の内側に侵入してくる。

そのような**性質(**)** を満たす数列は、**かぎりなく1に近づく**あるいは専門的な表現として**1に収束する**というのである。さ

らに、1を一般の数 α に置き替えると、次の**性質**（＊＊＊）を満たす数列は、**かぎりなく α に近づく**あるいは専門的な表現として α に**収束する**というのである。

ここネ…

> **性質**（＊＊＊）：どんなに小さい正の数 ε をとっても、「数列内の（前から）n 番目以降は全部、$\alpha - \varepsilon$ より大きく $\alpha + \varepsilon$ より小さい範囲に入る」という（ε に依存してかまわない）n がある。

たとえば、次の2つの数列はかぎりなく0に近づく（0に収束する）のである。

$0、0、0、0、0、0、\cdots\cdots$

$0.1、-0.01、0.001、-0.0001、0.00001、$
　　　　$-0.000001、0.0000001、-0.00000001、\cdots\cdots$

ところで、「$0.99999\cdots = 1$ であるのか、それとも $0.99999\cdots \neq 1$ であるのか」という疑問話をよく聞くことがあるのではないだろうか。本節の最後に、この疑問に対する回答を含めた無限小数の意味について述べよう。

まず、次の(無限に続く)数列を考える。

0.9、0.99、0.999、0.9999、0.99999、
0.999999、0.9999999、……

この数列はかぎりなく1に近づく(1に収束する)。だから

0.99999……＝1

と書くのである。ほかの無限小数も同じで、第3章2節で紹介した根号記号$\sqrt{\ }$に関して、

$\sqrt{2} = 1.4121356$……

と書くが、これは次の(無限に続く)数列が$\sqrt{2}$に近づく($\sqrt{2}$に収束する)ことから、上記のように書くのである。

1.4、1.41、1.414、1.4142、
1.41421、1.414213、1.4142135、
1.41421356、……

微分と積分の発想

第4章2節の最後に直線の傾きについて説明したが、最初に関数 $y = x^2$ のグラフ上の2点を通る直線の傾きをいくつか調べてみよう。

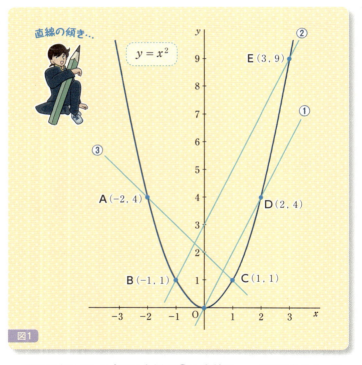

図1

図1において、2点ODを通る①の直線は、x が2増えると y は4増えるので、これは x が1増えると y は2増えることと同じで

ある（図2（ア）参照）。したがって、①の直線の傾きは2である。

同様にして、2点BEを通る②の直線は、xが4増えるとyは8増えるので、これはxが1増えるとyは2増えることと同じである（図2（イ）参照）。したがって、②の直線の傾きも2である。

2点ACを通る③の直線は、xが3増えるとyは3減るので、これはxが1増えるとyは1減ることと同じである（図2（ウ）参照）。したがって、③の直線の傾きは-1である。

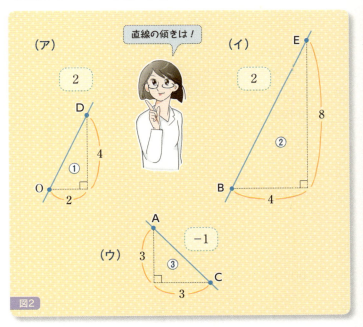

図2

いま、関数$y = f(x)$という書式を具体的に説明すると、たとえば$y = x + 2$のとき、

$$f(x) = x + 2$$

と考えるのである。このとき、

$$f(1) = 1 + 2 = 3, \quad f(2) = 2 + 2 = 4$$

などが成り立つ。また、$y = x^2$ のとき、

$$f(x) = x^2$$

と考えるのである。このとき、

$$f(1) = 1^2 = 1, \quad f(2) = 2^2 = 4$$

などが成り立つ。

次に、c より大で d より小の区間 I（範囲）では関数 $y = f(x)$ が定められているとして（x が I の中のどの値をとっても、$f(x)$ という1つの値が定まるとして）、その区間内の数 a の近くで、

$$\{f(a+h) - f(a)\} \div h \quad \cdots\cdots (*)$$

というものを考える。ここで h は0ではなく、$a + h$ も $a - h$ も I に入っている数とする。

座標 $(a, f(a))$ の点を A、座標 $(a + h, f(a + h))$ の点を B とすると、$h > 0$ の場合 (i) も、$h < 0$ の場合 (ii) も、$(*)$ は直線 AB の傾きを示していることが図3よりわかるだろう。

なお (ii) においては、$h = -k$ とおくと、$k > 0$ で、

$$\{f(a+h) - f(a)\} \div h$$
$$= \{f(a-k) - f(a)\} \div (-k)$$
$$= \{f(a) - f(a-k)\} \div k$$

が成り立つことに注意する。

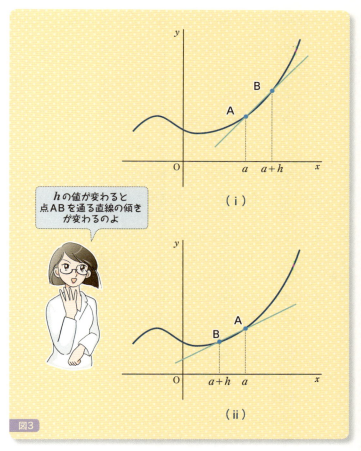

図3

以上を踏まえて、0に収束する数列、

$$h_1、h_2、h_3、h_4、h_5、\cdots\cdots(☆)$$

で、それらのどの数も0をとらないものをとると、それらに応じた傾きを示す次の数列（★）が考えられる。

$$\{f(a+h_1)-f(a)\}\div h_1、$$
$$\{f(a+h_2)-f(a)\}\div h_2、$$
$$\{f(a+h_3)-f(a)\}\div h_3、$$
$$\{f(a+h_4)-f(a)\}\div h_4、$$
$$\{f(a+h_5)-f(a)\}\div h_5、$$
$$\vdots \qquad \cdots\cdots(\bigstar)$$

　この数列は h が (☆) の各数を順番にとっていくとき、座標 $(a, f(a))$ の点Aと座標 $(a+h, f(a+h))$ の点Bを通る直線の傾きがそれに応じて次々と変化していくものである。

　もちろん、数列 (☆) のとり方によって数列 (★) はいろいろな数列をとるが、もし (☆) が0に収束するどのような数列をとっても、(★) が一定の数 α に収束するならば、「関数 $y=f(x)$ のグラフ上の点Aの**接線の傾きは** α **である**」と考えることが自然である。

　この場合の α を、$x=a$ における関数 $y=f(x)$ の**微分係数**といい、記法として $f'(a)$ で表すのである。そして、a を区間 I のすべての点を動かしても $f'(a)$ が定まるとき、区間 I のすべての点 x で定義される関数 $f'(x)$ が定まる。この関数を関数 $f(x)$ の**導関数**というのである。

　ここで、関数 $y=x^2$ について、点Aを $(1, 1)$ として、数列 (☆) が、

　　$1、-1、0.5、-0.5、0.2、\cdots\cdots$

の場合 ($h_1=1$、$h_2=-1$、$h_3=0.5$、$h_4=-0.5$、$h_5=0.2$)、数列 (★) はどのようなものになるか、実際のグラフ上での変化も図示して調べてみよう (図4参照)。

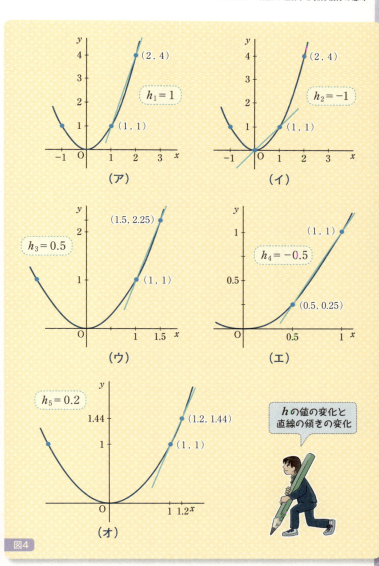

図4

$$\{f(a+h_1)-f(a)\} \div h_1 = (2^2-1^2) \div 1 = 3 \qquad \cdots\cdots (ア)$$

$$\{f(a+h_2)-f(a)\} \div h_2 = (0^2-1^2) \div (-1) = 1 \qquad \cdots\cdots (イ)$$

$$\{f(a+h_3)-f(a)\} \div h_3 = (1.5^2-1^2) \div 0.5 = 2.5 \qquad \cdots\cdots (ウ)$$

$$\{f(a+h_4)-f(a)\} \div h_4 = (0.5^2-1^2) \div (-0.5) = 1.5 \cdots\cdots (エ)$$

$$\{f(a+h_5)-f(a)\} \div h_5 = (1.2^2-1^2) \div 0.2 = 2.2 \qquad \cdots\cdots (オ)$$

図4を見ると、関数 $y=x^2$ のグラフ上の点A(1, 1)における接線の傾きは2ぐらいになることが予想できるだろう。以下、それは実際に2になることを示して、積分の発想に移ろう。

まず、$h \neq 0$ のとき次の式変形が成り立つ。

$$(1+h)^2 - 1^2 = (1+h) \times (1+h) - 1$$
$$= 1 + h + h + h^2 - 1 = 2 \times h + h^2$$

したがって、

$$\{(1+h)^2 - 1^2\} \div h = (2 \times h + h^2) \div h = 2 + h$$

が成り立つ。ここで h が、0に収束するどのような数列の値を順にとっていくときも、$2+h$ は2に収束する数列の値を順にとっていくので、関数 $y=x^2$ のグラフ上の点A(1, 1)の接線の傾きは2であることがわかった。

ここから積分の発想に移るが、先に n が正の整数のとき、次の式が成り立つことを説明しよう。

$$1+2+3+4+\cdots\cdots +n = n \times (n+1) \div 2 \cdots\cdots (△)$$

まず、$n=3$のとき($\triangle$)が成り立つことを図5で確かめてみる。

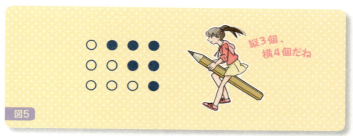

図5

図5において、○の個数も●の個数も($\triangle$)の左辺$1+2+3$である。両方あわせた個数は、3×4である（縦3個、横4個）。
それゆえ、

$$1+2+3=3\times 4\div 2$$

の成立が理解できる。

図6

同様に図6で考えることにより、

$$1+2+3+4=4\times 5\div 2$$

の成立がわかる。
そして同様に考えて、一般的に成り立つ($\triangle$)の成立もわかるのである。

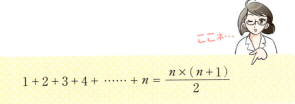

$$1+2+3+4+\cdots\cdots+n = \frac{n\times(n+1)}{2}$$

　本節前半で説明したように、微分の発想はひと言で述べると、曲線上の点の接線の傾きを正確に求めるものであった。それに対し**積分**の発想をひと言で述べると、面積や体積を正確に求めるものである。以下、その意味が伝わるように、1つの例によって説明しよう。

　次の3つの直線で囲まれた領域Ωの面積は明らかに$\frac{1}{2}$である（図7参照）。

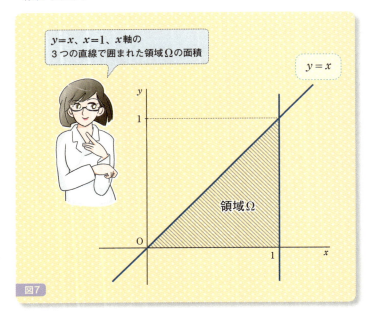

図7

いま、2以上の整数 n に対し $h = \dfrac{1}{n}$ とおき、図8の斜線部分の面積の和 S を考える。

公式（△）を使うことにより、以下の式変形が成り立つ。

$$S = h \times h + 2 \times h \times h + 3 \times h \times h + \cdots\cdots + (n-1) \times h \times h$$
$$= \{1 + 2 + 3 + \cdots\cdots + (n-1)\} \times h^2$$
$$= (n-1) \times n \div 2 \times h^2$$
$$= \left(\dfrac{1}{h} - 1\right) \times \dfrac{1}{h} \div 2 \times h^2 = \left(\dfrac{1}{h} - 1\right) \times h \div 2$$
$$= \dfrac{1}{2} - \dfrac{1}{2} \times h$$

を得る。

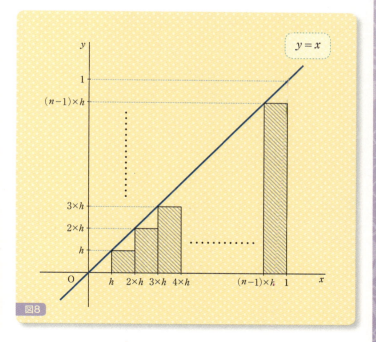

図8

ここで h が、0に収束するどのような数列の値を順にとっていくときも、上式は $\frac{1}{2}$ に収束する数列の値を順にとっていくので、面積の和 S はかぎりなく $\frac{1}{2}$ に近づくことになる。

　上と同じく2以上の整数 n に対し $h = \frac{1}{n}$ とおき、今度は図9の斜線部分の面積の和 S を考えよう。

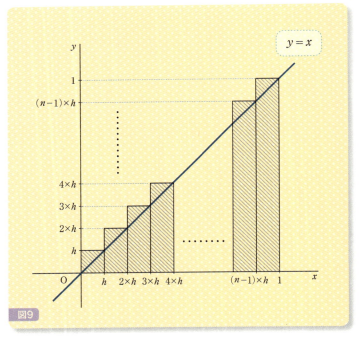

図9

　図8に対する計算と同様にして、以下を得る。

$$S = h \times h + 2 \times h \times h + 3 \times h \times h + \cdots\cdots + n \times h \times h$$
$$= \cdots\cdots$$
$$= \frac{1}{2} + \frac{1}{2} \times h$$

ここで h が、0に収束するどのような数列の値を順にとっていくときも、上式は $\frac{1}{2}$ に収束する数列の値を順にとっていくので、S はかぎりなく $\frac{1}{2}$ に近づくことになる。

図8によって領域Ωに含まれる内側部分からその面積の近似値を求めたのであり、図9によって領域Ωを含む外側部分からその面積の近似値を求めたのである。そして、どちらの場合もかぎりなく $\frac{1}{2}$ に近づいたので、領域Ωの面積は $\frac{1}{2}$ にならざるをえないことになる。

このように、一般に平面上の領域の面積を求めるとき、領域に含まれる内側部分からその面積の近似値を求め、領域を含む外側部分からその面積の近似値を求め、どちらの場合もかぎりなく同じ値 s に近づくならば、その領域の面積は s にならざるをえないことになる。この考え方こそが**積分**の発想であり、立体の体積についても同じである。

微分積分を用いないと説明できないこと

　本書の精神からすれば、曲線上の点の傾きや面積などを正確に求めなくても、それらの近似値を求めれば十分ではないか、という考えをもつことは自然だろう。実際、経済学では**限界**という言葉が多く現れるが、これは微分の概念である。ところが、たとえば**限界消費性向**を「可処分所得が限界的に1円増えたとした場合、消費がどれくらい増えるかを示す割合」によって定めるように、**微分**という言葉を回避して議論を進めることも多々ある。面積に関しても、第3章2節で紹介した**方眼法**でそれなりに対応できるだろう。

　その一方で、どうしても微分積分を用いないと説明できないこともたくさんある。

　その例を最後に紹介しよう。

　まず、放物線、だ円、双曲線と呼ばれる曲線には、**焦点**という重要な働きをする点がそれぞれにある（各曲線の意味や焦点については拙著『新体系・高校数学の教科書（下）』を参照）。そして、以下のようなおもしろい性質をもつ（図1参照）。

(ⅰ)　放物線の焦点Fの位置に光源を置くと、光は放物線に反射して、軸と平行に進む。

(ⅱ)　だ円の1つの焦点Fに光源を置くと、光はだ円に反射して、もう1つの焦点を通る。

(ⅲ)　双曲線の1つの焦点Fに光源を置くと、光は双曲線に反射して進むが、その光はあたかも、もう1つの焦点から進んできた光線の延長のように進む。

● 第5章 算数で理解する微分積分の意味

焦点の性質ね

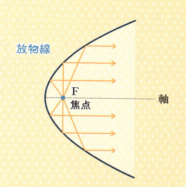
放物線

(i) 放物線の焦点Fの位置に光源を置くと、光は放物線に反射して、軸と平行に進む

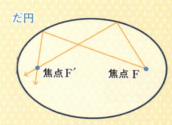
だ円

(ii) だ円の1つの焦点Fに光源を置くと、光はだ円に反射して、もう1つの焦点F′を通る

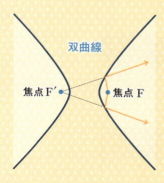
双曲線

(iii) 双曲線の1つの焦点Fに光源を置くと、光は双曲線に反射して進むが、その光はあたかも、もう1つの焦点F′から進んできた光線の延長のように進む

図1

図1で紹介した3つの性質を証明するとき、微分を本質的に使わなくてはならないのである。

次に、これから新設するある競技に関する人間の能力は横ばいだとする。そして、来年（1年目）からその競技の記録を取ることにしよう。1年目の最高記録をR_1、2年目の最高記録をR_2、3年目の最高記録をR_3…とする。

$R_1 \cdots R_2 \cdots R_3 \cdots\cdots$
最高記録はで続ける……？？

1年目の最高記録：R_1

2年目の最高記録：R_2

3年目の最高記録：R_3

1年目の終わりを予見すると、R_1はかならず最高記録になる。それゆえR_1が最高記録になる確率は1。次にR_2を考えると、それは**(ア)** R_1より悪い、**(イ)** R_1よりよい、**(ウ)** R_1と等しい、のどれかである。その競技に関する人間の能力は横ばいとしているので、**(ア)**と**(イ)**の確率は等しい。したがって、R_2が最高記録になる確率は$\frac{1}{2}$以上である。

同様に考えて、R_3が最高記録になる確率は$\frac{1}{3}$以上、R_4が最高記録になる確率は$\frac{1}{4}$以上…ということになる。

そこで、1年後から5年後にでる延べ最高記録の回数の期待値は、

$$1\times 1 + 1\times \frac{1}{2} + 1\times \frac{1}{3} + 1\times \frac{1}{4} + 1\times \frac{1}{5} = \frac{137}{60} \text{〔回〕}$$

以上である。

$$137 \div 60 = 2.28333\cdots\cdots$$

であるので、その期待値は約2.3回となる。

問題は、無限に続く和、

$$1 + \frac{1}{2} + \frac{1}{3} + \frac{1}{4} + \frac{1}{5} + \frac{1}{6} + \cdots\cdots \quad (*)$$

がどのようになるかである。

実は図2において、(*)と同じ意味をもつ階段状の斜線部の面積の和は、

$$x軸、\quad x=1、\quad y=\frac{1}{x}$$

で囲まれた領域の面積以上である。そして広義積分というものを用いると、この領域の面積はかぎりなく大きくなることがわかる（拙著『新体系・高校数学の教科書（下）』を参照）。

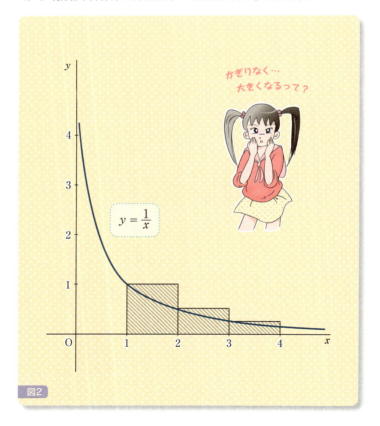

図2

上で述べたことは、「人間の能力は横ばいだとすると、タイ記録を含めた最高記録は永遠にで続ける」ことを意味している。

もちろん上で述べた性質の証明では、積分を本質的に使わなくてはならないのである。

本書では、なんでも身近にそろう国になった現在の日本において、先人が築いた「物事を素朴に工夫する心」を数学の世界で学び直すことを目標にして最終章に至った。新たなものを創造するために必要なものは、第一にその「心」であるといいたい。しかし、本節で紹介した微分積分学の威力に対しては畏敬の念を抱くのではないだろうか。微分積分学はニュートンとライプニッツによって確立した分野であるが、最後に指摘したいことは、その念を抱くためには「物事を素朴に工夫する心」を十分に育んでいることが必要である、ということである。

索　引

数字

1次関数	130
1次方程式	43
2次関数	130
2次方程式の解の公式	141

英字

x 座標	30
y 切片	160
y 座標	30

あ

移項	42
円錐	109

か

かぎりなく大きくなる	165
かぎりなく近づく	167、168
角錐	109
拡大図	94
確率	76、77
傾き	160
加法	14
加法の結合法則	16
加法の交換法則	16
関数	29
期待値	89
球	109
極限	164
極小値	32、33
極大値	32、33
グラフ	32
組合せ	52、53
経験的確率	75
限界	182
限界消費性向	182
原点	12
減法	14
項	43
格子点	110
根号	105

さ

座標	31
座標軸	30
座標平面	30
三角関数	97
三角比	96
自然数	12
四則計算	14
周期	98
収束する	167、168
縮図	94
順列	52、53
焦点	182

乗法	14	ピックの定理	110
除法	14	微分係数	174
数学的確率	75	不等号	13
数直線	12	負の整数	12
数列	164	負の無限大に発散する	166
正弦	97	分配法則	25
性質	165、166、167、168	平方根	104
正接	97	変数	29
正の整数	12	方眼法	106、182
正の無限大に発散する	165	方程式	42
積分	181、182	放物線	137、183
積分の発想	178		
接線	174		
絶対値	13		
双曲線	183		
相似	95		

ま

未知数	43
無理数	105
文字式	43

た

だ円	183
頂点	137
直線の傾き	156、159、160
定数	43
導関数	174
統計的確率	75
同様に確か	76、77
同様に確からしい	77

や

有理数	105
余弦	97

ら

領域	148
累乗	23
連立1次方程式	44

は

ピタゴラスの定理	114

著者プロフィール

芳沢光雄（よしざわ みつお）

1953年、東京生まれ。東京理科大学理学部教授、桜美林大学リベラルアーツ学群教授を経て、現在、桜美林大学学長特別補佐。理学博士。国家公務員採用I種試験専門委員、日本数学会評議員、日本数学教育学会理事、日本学術会議第4部数学研究連絡委員会委員、「教科書の改善・充実に関する研究」専門家会議委員（文部科学省委嘱）などを歴任。専門は数学・数学教育。おもな著書に、『新体系・高校数学の教科書（上・下）』『新体系・中学数学の教科書（上・下）』『群論入門』（講談社ブルーバックス）、『数学的思考法』『算数・数学が得意になる本』（講談社現代新書）、『反「ゆとり教育」奮戦記』『算数が好きになる本』（講談社）、『ほんとうに使える数学 基礎編』、『ほんとうに使える数学 レベルアップ編』（じっぴコンパクト新書）など多数。

本文デザイン・アートディレクション：近藤久博（近藤企画）
illustration：とら（近藤企画）
校正：壬生明子

サイエンス・アイ新書 発刊のことば

「科学の世紀」の羅針盤

　20世紀に生まれた広域ネットワークとコンピュータサイエンスによって、科学技術は目を見張るほど発展し、高度情報化社会が訪れました。いまや科学は私たちの暮らしに身近なものとなり、それなくしては成り立たないほど強い影響力を持っているといえるでしょう。

　『サイエンス・アイ新書』は、この「科学の世紀」と呼ぶにふさわしい21世紀の羅針盤を目指して創刊しました。情報通信と科学分野における革新的な発明や発見を誰にでも理解できるように、基本の原理や仕組みのところから図解を交えてわかりやすく解説します。科学技術に関心のある高校生や大学生、社会人にとって、サイエンス・アイ新書は科学的な視点で物事をとらえる機会になるだけでなく、論理的な思考法を学ぶ機会にもなることでしょう。もちろん、宇宙の歴史から生物の遺伝子の働きまで、複雑な自然科学の謎も単純な法則で明快に理解できるようになります。

　一般教養を高めることはもちろん、科学の世界へ飛び立つためのガイドとしてサイエンス・アイ新書シリーズを役立てていただければ、それに勝る喜びはありません。21世紀を賢く生きるための科学の力をサイエンス・アイ新書で培っていただけると信じています。

2006年10月

※サイエンス・アイ（Science i）は、21世紀の科学を支える情報（Information）、
知識（Intelligence）、革新（Innovation）を表現する「 i 」からネーミングされています。

SB Creative

サイエンス・アイ新書
SIS-343

http://sciencei.sbcr.jp/

算数でわかる数学

2015年11月25日　初版第1刷発行

著　者　芳沢光雄
発行者　小川　淳
発行所　SBクリエイティブ株式会社
　　　　〒106-0032　東京都港区六本木2-4-5
　　　　編集：科学書籍編集部
　　　　　　　03(5549)1138
　　　　営業：03(5549)1201
装丁・組版　近藤久博(近藤企画)
印刷・製本　図書印刷株式会社

乱丁・落丁本が万が一ございましたら、小社営業部まで着払いにてご送付ください。送料小社負担にてお取り替えいたします。本書の内容の一部あるいは全部を無断で複写(コピー)することは、かたくお断りいたします。

©芳沢光雄 2015 Printed in Japan　ISBN 978-4-7973-6132-2

SB Creative